普通高等教育"十三五"规划教材

 高等学校规划教材·计算机系列

C语言
程序设计教程

主　编　孙家启　万家华

副主编　徐　梅　张怡文

编　委（按姓氏笔画排序）

万家华　孙家启　张怡文　汪红霞

贺爱香　徐　梅　郭　元

北京师范大学出版集团
BEIJING NORMAL UNIVERSITY PUBLISHING GROUP
安徽大学出版社

内容简介

本书主要包括 C 语言程序设计概述,数据类型、运算和输入输出,选择结构程序设计,循环结构程序设计,数组,函数,指针,结构体与共用体,文件与位运算等内容,各章均有精心设计的例题、习题。本书注重基础,强调实践,在内容讲解上采用循序渐进、逐步深入的方法,重点突出,案例取舍得当。为配合程序设计的理论教学,提高实践动手能力,本书配套有实验教材《C 语言程序设计上机实验与习题指导》。另外,本书还提供配套的电子教案供教学使用。

本书可作为普通高等学校学生学习"C 语言程序设计"课程的教材或参考书,也可供广大计算机编程爱好者自学和参考。

图书在版编目(CIP)数据

C 语言程序设计教程/孙家启,万家华主编. —合肥:安徽大学出版社,2018.12(2022.7 重印)

高等学校规划教材·计算机系列

ISBN 978-7-5664-1735-0

Ⅰ. ①C… Ⅱ. ①孙… ②万… Ⅲ. ①C 语言—程序设计—高等学校—教材

Ⅳ. ①TP312.8

中国版本图书馆 CIP 数据核字(2018)第 255297

C 语言程序设计教程
C YUYAN CHENGXU SHEJI JIAOCHENG

孙家启 万家华 主编

出版发行:北京师范大学出版集团
安 徽 大 学 出 版 社
(安徽省合肥市肥西路 3 号 邮编 230039)
www. bnupg. com. cn
www. ahupress. com. cn

印　刷:安徽省人民印刷有限公司
经　销:全国新华书店
开　本:184mm×260mm
印　张:18
字　数:333 千字
版　次:2018 年 12 月第 1 版
印　次:2022 年 7 月第 4 次印刷
定　价:49.00 元
ISBN 978-7-5664-1735-0

策划编辑:刘中飞　宋　夏　　　　　　　　装帧设计:李　军
责任编辑:张明举　宋　夏　　　　　　　　美术编辑:李　军
责任印制:赵明炎

前言 Foreword

　　C 语言是近年来在国内外得到最迅速推广使用的一种现代编译型程序设计语言,它兼顾了多种高级语言的特点,具备汇编语言的功能。C 语言程序处理功能强,运算速度快,运行效率高,具有完善的模块程序结构,可移植性强,而且可以直接实现对系统硬件及外部设备接口的控制,具有较强的系统处理能力。

　　C 语言是一种非常灵活的程序设计语言,读者学习时一定要善于克服两个难点。第一个难点是运算表达式的使用。可以说,运算符的多样性和表达式的灵活性是 C 语言具有强大表现能力的根本所在,但对一个 C 语言初学者来说,它很可能会成为机关重重的陷阱。第二个难点是指针的使用。指针在 C 语言中的表现既威力巨大,又暗伏凶险。但是,要想掌握 C 语言编程技术,就应当具有驾驭指针的能力,因为有了这种能力之后,便可编写出体积更小、效率更高、可维护性更好的程序。这也是在千百种程序设计语言中,C 语言会如此流行,经验丰富的 C 程序设计员会青睐它的原因之一。

　　本书以上述两个难点为主线展开,通过对大量典型示例的分析和解答,讲述 C 语言的程序设计方法和语言构造,使全书内容具有以下特色:

　　分析了一些不良程序设计习惯的危害,始终注意引导读者培养良好的程序设计风格,使程序更具可读性;特别强调了算法对于程序质量的重要性,让读者明白,只有"好的"算法才能使程序的结构、效率和可维护性更佳;告诉读者要遵循 ANSI C 标准,因为只有这样,程序才更具有可移植性。

　　为了便于读者理解概念、掌握技能,编者努力用生动有趣的语言去准确地表述概念的内涵,既通俗易懂又不失严谨。对问题追根探源,尽可能让读者知其然而又知其所以然。全书每章开头有教学目标,最后附有小结和习题。

　　为了在我国高等学校更快地推广和普及 C 语言,编者根据教育部全国高等学校大学计算机基础教学指导委员会制定的 C 语言程序设计教学要求,按照《全国高等学校(安徽考区)计算机等级(二级 C 语言程序设计)教学(考试)大纲》编写了本书。以我省目前高等学校广泛使用的 PC 系列微型机上 C 编译系统 Visual C++6.0 为实现版本,全面、系统地讨论了 C 语言语法知识以及程序设计方法和技巧。书中各章均有典型例题分析,还附有针对性的习题,便于读者学习和自测,对参加计算机等级(二级 C 语言程序设计)考试极具参考价值。

　　本书由孙家启、万家华担任主编，由徐梅、张怡文担任副主编。第1章、附录由孙家启编写，第2、3章由徐梅编写，第4、8章由万家华编写，第5、6章由汪红霞编写，第7、9章由张怡文编写，最后由万家华统稿。贺爱香、郭元为本书提供部分图片和配套电子教案；在本书的编写过程中，得到高校同行专家的大力支持，在此对他们表示感谢。

　　诚恳希望广大读者对本书提出宝贵意见，以便再版时修改。

编　者
2018 年 10 月

Contents

C 语言程序设计概述

扫一扫，获取程序代码

教学目标

◇ 了解 C 语言的发展过程和特点。

◇ 理解 C 语言程序的书写规则和结构特征。

◇ 掌握 Visual C++ 6.0 集成开发环境下开发 C 语言程序的方法和步骤。

电子数字计算机系统(简称计算机系统)是一种能自动、高速、精确地进行信息处理的现代工具。与人类历史上拥有的其他工具相比，计算机系统具有运算速度快、记忆能力强、有逻辑判断能力、能自动进行计算等基本特点，这些特点根源于计算机系统的组成。计算机系统的组成包括两大部分：硬件和软件。计算机硬件可以被定义为"组成计算机系统的各种物理元器件"；软件则可以被定义为"计算机程序及说明程序的各种文档"。软件与硬件一起构成完整的计算机系统，硬件是载体，软件是灵魂，它们相互依存、缺一不可。程序是关于计算任务的处理对象和处理规则的描述；文档则是关于计算机程序功能、设计、编制、使用的各种资料的集合。

要让无生命的计算机系统运行起来，为人类完成各种工作，就必须让它执行相应的程序。这些程序都是采用程序设计语言结合相应的数据结构编制而成，且预先存储在计算机的存储器中，是计算机完成任务的关键。

1.1 C 语言的发展过程

1946 年，世界上第一台电子计算机问世，并被广泛地应用于人类生产、生活的各个领域，大大推动了社会的进步与发展。计算机是由软硬件组成的，计算机的工作是由计算机语言编写出来的软件(程序)来控制的，可以说软件是计算机的灵魂，计算机程序设计语言的发展经历了从机器语言、汇编语言到高级语言的历程。

机器语言是指该机器能够识别的指令的集合，即指令系统。在机器语言中，每条指令都用 0 和 1 组成的序列来表示。机器语言是所有语言中运算效率最高的，是第一代计算机语言，但是机器语言依赖计算机的硬件，学习、修改、编辑、维护等都非常不方便，推广应用比较困难。

汇编语言被称之为第二代计算机语言。它用一些简洁的英文字母、符号串等助记符来表示机器语言中由 0 和 1 代码构成的机器指令，比如，用"ADD"代表加法，用"MOV"代表数据传送等。汇编语言同样依赖于机器硬件，移植性不好、可读性差、效率低下、使用不方便。

高级语言接近于人的自然语言和数学语言,同时又不依赖于计算机硬件,编出的程序能在所有机器上通用。1954 年,第一个完全脱离机器硬件的高级语言——FORTRAN 问世。60 多年来,共有 2500 种以上的高级语言出现。其中影响较大、使用普遍的有 FORTRAN 和 ALGOL(适合数值计算)、COBOL(适合商业管理)、BASIC 和 QBASIC(适合初学者的小型会话语言)、PASCAL(适合教学的结构程序设计语言)、C(系统描述语言)、C++(支持面向对象程序设计的大型语言)、VC、VB、DELPHI、JAVA(适于网络的语言)等。

C 语言是 Combined Language(组合语言)的中英混合简称,是国际上流行的计算机高级程序设计语言。它既是一个非常成功的系统描述语言,适合于编写系统软件(如操作系统、编译软件等),又是一个相当有效的通用程序设计语言,适合于编写各种应用软件(如图形软件、控制软件等)。与其他高级语言相比,C 语言硬件控制能力和运算表达能力强,可移植性好,效率高(目标程序短,运行速度快)。因此其应用面越来越广,许多大型系统软件都是用 C 语言编写的,如DBASE Ⅳ 就是由 C 语言编写的。

C 语言的前身是 ALGOL 语言(ALGOL 60 是一种面向问题的高级语言)。1963 年,英国剑桥大学推出了 CPL 语言(Combined Programming Language),此语言在 ALGOL 语言的基础上增添了硬件处理能力;1963 年,剑桥大学的马丁·理查德(Martin Richards)对其简化,提出 BCPL 语言;1970 年,美国贝尔实验室的肯·汤普逊(Ken Thompson)进一步简化,提出了 B 语言(取 BCPL 语言的第一个字母),并且用 B 语言写了第一个 UNIX 操作系统;1972 年,美国贝尔实验室的布朗·W·卡尼汉和丹尼斯·M·利奇对其进行了完善和扩充,在 B 语言的基础上提出了 C 语言(取 BCPL 语言的第 2 个字母);自 1972 年投入使用之后,C 语言成为 UNIX 或 Xenix 操作系统的主要语言,是当今最为广泛使用的程序设计语言之一。1978后,C 语言已先后被移植到大、中、小及微型机上。强大的功能使得它成为最受欢迎的高级语言之一。1987 年,美国标准化协会(American National Standards Institute)制定了 C 语言标准"ANSI C",也就是今天流行的 C 语言。

1.2 C 语 言 的 特 点

C 语言发展如此迅速,而且成为最受欢迎的语言之一,主要因为它具有强大的功能。许多著名的系统软件和应用软件,如 UNIX、LINUX、PLUS、FOXBASE等都是由 C 语言编写的。用 C 语言加上一些汇编语言子程序,就更能显示 C 语言的优势了,如 PC-DOS、WORDSTAR 等就是用这种方法编写的。归纳起来,C 语言具有下列特点：

（1）语言简洁、紧凑，使用方便、灵活。C 语言一共只有 32 个关键字，9 种控制语句，程序书写形式自由，主要使用小写字母，压缩了一切不必要的成分。

（2）运算符丰富。C 语言的运算符包含的范围很广，共有 34 种运算符。C 语言把括号、赋值、强制类型转换等都作为运算符处理，从而使其运算类型极为丰富、表达式类型更多样化。

（3）数据结构丰富，具有现代化语言的各种数据结构。C 语言的数据类型有整型、实型、字符型、数组类型、指针类型、结构体类型和共用体类型等，能用来实现各种复杂的数据结构，尤其是指针类型数据，使用十分灵活和多样化。

（4）C 语言具有结构化的控制语句。用函数作为程序的模块单位，便于实现程序的模块化。C 语言是理想的结构化程序设计语言，完全符合现代编程风格的要求。

（5）语法限制不太严格，程序设计自由度大。例如，对数组下标越界不做检查，整型、字符型数据可以通用，不专设逻辑型数据而以整型数据来代替等。较少的限制给程序员带来较大自由，这就要求程序员在编程时应确实明白自己在做什么，而不要把检查错误的工作仅寄托于编译程序。

（6）允许直接访问物理地址，能进行位操作，可以直接对硬件进行操作。C 语言既具有高级语言的功能，又具有低级语言的许多功能，可用来编写系统软件。有人把 C 语言称为"高级语言中的低级语言"或"中级语言"，但一般仍习惯将 C 语言称为高级语言。因为 C 语言程序也要通过编译、连接才能得到可执行的目标程序，这是和其他高级语言相同的。

（7）生成目标代码质量高、程序执行效率高。C 语言仅比汇编语言目标代码效率低 10%～20%。

（8）程序可移植性好。用 C 语言写的程序基本不做修改就能用于各种计算机和操作系统。

由于 C 语言的可移植性好和硬件控制能力高，表达和运算能力强，因此许多大型软件都用 C 语言编写，而且许多以前只能用汇编语言处理的问题，现在用 C 语言也可以处理了

1.3　C 语言程序的结构特征

1.3.1　简单的 C 语言程序

一个 C 语言程序只有严格按照 C 语言规定的语法和表达方式编写，才能保

证编写的程序在计算机中能正确地执行,同时也便于阅读和理解。也就是说,C 语言有自己特定的语法规则和规定的表达方法。这里首先介绍几个简单的 C 程序,以便了解 C 语言的基本程序结构特点。

【例 1-1】 在屏幕上显示字符串 "hello,C program!"。

源程序:

```
#include<stdio.h>
void main()
{
    printf("hello,C program! \n");
}
```

运行结果:

```
"C:\Documents and Settings\Administrator\Debug\1-01.exe"
hello,C program!
Press any key to continue
```

结果分析:

(1)在使用标准函数库中的输入输出函数时,编译系统要求程序提供有关的信息(例如,对这些输入输出函数的声明),程序第一行"#include <stdio.h>"的作用就是用来提供这些信息的,stdio.h 是 C 编译系统提供的一个文件名,后面章节将会详细介绍。在此须记住:当程序中用到系统提供的标准函数库中的输入输出函数时,应在程序的开头写上一行:#include <stdio.h>。

(2)在这个程序中,main 是函数的名字,表示"主函数"。每个 C 语言程序都必须有一个 main() 函数,它是每一个 C 语言程序的执行起始点(入口点)。在 Visual C++6.0 中运行程序时,需要在主函数 main() 的前面加上 void。

(3)用{ }括起来的是 main() 的函数体;也就是说,main() 函数的所有操作(执行语句)都在 main() 函数体中。本例中,主函数内只有一条输出语句(每条语句用";"号结束语句),输出字符串"hello, C program!";这里的 printf 是 C 编译系统提供的标准函数库中的输出函数,其功能是将双引号中的内容显示在屏幕上;'\n'是换行符,表示输出字符串后回车换行。

例题仿写:

在屏幕上显示如下字符串:

```
******************************************************
          欢迎使用 Visual C++6.0 开发的计算器系统
******************************************************
```

【例 1-2】　输出两个整数以及它们的和。

源程序：

```
#include<stdio.h>
void main( )
{
    int num1,num2,sum;        /*定义 3 个整型变量 num1、num2、sum*/
    num1=25;num2=135;         /*为变量 num1、num2 赋初值*/
    sum=num1+num2;            /*将变量 num1、num2 的和放入变量 sum 中*/
    printf("num1=%d,num2=%d \n",num1,num2);   /*显示 2 个整数*/
    printf("sum=num1+num2=%d\n",sum);         /*输出 sum*/
}
```

运行结果：

```
CA "C:\Documents and Settings\Administrator\Debug\1.exe"          - □
num1=25,num2=135
sum=num1+num2=160
Press any key to continue
```

结果分析：

(1)本程序是计算两个整数的和，并输出计算结果。程序包含着一个 main( )函数作为程序执行的起点；{ }之间为 main( )函数的函数体，所有操作均在 main( )函数体中；函数体中包含 6 条语句，分别是定义变量、变量赋值、基本运算、输出数值。

注意：C 语言的变量必须先声明再使用。

(2)用/*　　*/括起来的部分是对本行语句的一段注释，可以用汉字或英文字符表示。程序运行时不执行/*　　*/中的注释内容，它仅仅起到增加程序可读性的作用，希望初学者养成添加注释的好习惯。

注意："/*"与"*/"匹配使用。

(3)本程序中库函数 printf 实现了两个整型数值和结果的输出。在执行输出时，双引号括起来的"num1=""num2=""sum=num1+num2="在运行时都是按原样输出的。"%d"为格式字符串，它与双引号后面的变量是一一对应的。表示变量的值以十进制整数形式输出。

例题仿写：

计算两个整数 85 和 5 的差、积和商，并输出结果。

(提示：积运算符是*，除运算符是/。)

【例 1-3】 输入一个整数,输出它的绝对值。

源程序:

```c
#include<stdio.h>
int f(int x)                    /*定义 f 函数,函数值为整型,形式参数为整型*/
{
    int z;
    if(x>0)   z=x;      /*条件判断*/
    else      z=-x;
    return(z);
}
void main( )
{
    int num,abs;
    printf("请输入一个数:");        /*提示用户在此输入一个数*/
    scanf("%d",&num);              /*输入一个整数*/
    abs=f(num);                    /*调用 f 函数,将得到的值赋给 abs*/
    printf("绝对值是%d\n",abs);
}
```

结果分析:

分别输入 15 和-24,结果如下:

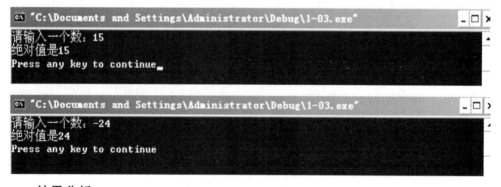

结果分析:

(1)本程序包含两个函数:主函数 main( )和被调用函数 f( )。函数 f( )的作用是将 x 的绝对值赋给变量 z,函数 f( )中 return 语句将 z 的值返回给主调函数 main( )。

(2)scanf 是 C 编译系统提供的标准函数库中的输入函数(前面的 printf 也是 C 的标准输入输出函数)。本程序中 scanf 函数的作用是输入一个整数放在变量 num 中。变量 num 前面的"&"是"取地址"符。"%d"的含义与前相同。scanf( )与 printf( )函数的具体用法详见后面章节。

（3）在程序中，主调函数 main( )中实际参数 num 的值传送给被调函数 f( )中的形式参数，经过执行 f( )函数得到一个返回值，这个值由 return 函数返回到调用 main( )函数的位置，然后把这个值赋给变量 abs，最后输出变量 abs 的值。

1.3.2　C 语言程序结构特征

从以上例子可以看出 C 语言程序有以下结构特征。

1. C 语言程序由函数构成

一个 C 语言程序必须有且仅有一个 main( )函数，也可以包含若干个其他函数（对于函数，本书将在第 6 章进行介绍）。因此，函数是 C 语言程序的基本单位，它使得程序的模块化容易被实现。C 程序有三种类型的函数：main( )函数、库函数和自定义函数。上例中的输入函数 scanf( )和输出函数 printf( )都是库函数，自定义函数是用户自己设计的函数，如上例中的 f( )。

注意：使用库函数之前，必须使用预编译命令"♯include"将以 .h 为后缀名的头文件包含到用户文件中，一般应置于源程序的开始部位，且预处理命令末尾不要分号。由于上例中使用了标准的输入输出库函数，因此它使用了预编译命令：♯include ＜stdio.h＞。

2. 函数由函数首部和函数体构成

（1）函数首部。函数首部是函数的定义部分，即函数的第 1 行，包括函数类型、函数名、函数参数名和参数类型。其中，函数名及其后紧跟的圆括号对"( )"是必需的，而其他内容（即"[ ]"括号对中的内容）为可选项。对于 main 函数的函数首部只有函数名"main"和一对圆括号"( )"，没有书写函数类型（函数类型的缺省值为 int 型），也没有形式参数。其他函数的内容与格式为：

[函数类型] 函数名(形式参数类型 1　形式参数名 1[，形式参数类型 2…])

例如：

```
void main( )
int f( int x )
int max( int a ,int b)
```

（2）函数体。函数体是函数的主体部分，即函数首部下面由花括号对"{}"括起来的部分。如果函数内有多个嵌套的花括号对，则最外层的一对花括号对为函数体的范围。函数体一般包括两个部分：声明部分和执行部分。声明部分是对函数中新用到的变量（局部变量）的定义和所调用的函数的声明；执行部分则由可执行语句序列组成。

3. 一个 C 程序从 main( )函数开始执行

main( )函数是程序的主控函数，称为主函数，"main( )"是 C 语言编译系统使用的专用名字,main( )后面由花括号对"{ }"括起来的部分是 main( )函数的主体。无论 main( )写在程序的什么位置,程序运行时总是从 main( )函数的第一条可执行语句前的左花括号"{"开始执行,到 main( )函数最外层的右花括号"}"处终止。

4. 语句末尾必须有分号

分号";"是 C 程序中各条语句结束的标志,是语句的必要组成部分。不管语句位于何处,均必须以分号结束,即使是程序中最后一条语句也是如此。

5. 程序书写自由

C 语言源程序的书写十分自由,既可以在一行内写几条语句,也可以将一条语句分写在连续的多行(注意其间不能夹有其他语句)。C 程序中没有行号。

6. 可以且应当对每行语句书写注释/ ＊ ＊ /

为了增强程序的可读性,可以在语句末尾"/ ＊ "和" ＊ /"符号内就程序的操作内容作注释。注释是计算机程序文档的重要组成部分,是日后程序员与读者之间通信的重要工具,一个好的程序员应当养成及时书写和修正注释的良好习惯。

7. 变量先定义后使用

C 语言的变量在使用前必须先定义其数据类型,变量的数据类型定义必须在使用该变量的第 1 条语句之前进行。

1.4 运行 C 语言程序的步骤与方法

1.4.1 运行 C 语言程序的步骤

程序是一组计算机能识别和执行的指令。每一条指令使计算机能执行特定的操作。用高级语言编写的程序称为"源程序"。C 语言是一种编译性高级语言,编写好的程序需要经过编译、连接后才能查看运行结果。运行一个 C 语言程序的主要步骤如图 1-1 所示。

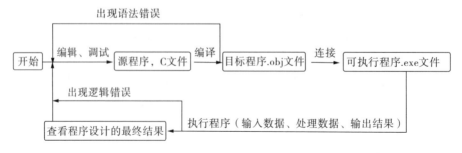

图 1-1　C 语言程序运行步骤

1. 编辑源程序

程序设计人员使用符合 C 语言标准的语句编辑源程序，以后缀名". C"保存源文件。它包括新建一个源程序文件或修改已有的源程序文件，它的操作有插入、删除、修改、调试源程序。除了 Visual C++6.0 和 Turbo C2.0 集成开发环境能够编辑源程序外，还可使用 DOS 环境中的 EDIT、CCED、WPS 或 Windows 环境中的 WORD、记事本、写字板等常用的编辑软件来编辑 C 语言的源程序，存盘时应采用纯文本方式保存文件。目前，国内不少高校和全国计算机等级考试二级 C 语言的运行环境都是 Visual C++6.0 集成开发环境。

2. 编译源文件

以纯文本形式存储的源程序，必须通过 C 语言编译系统提供的编译程序进行编译，生成后缀名为.obj 的目标程序文件。编译程序对源代码进行语法检查，并给出出错信息。修改后继续编译，直到编译成功，就可以生成目标文件。

3. 连接目标文件

编译成功后还应将目标程序和 C 语言的库函数连接成后缀名为.exe 的可执行程序，并存储在计算机的存储设备中，以便执行。负责目标程序和库函数连接工作的程序称为连接程序(Link)。

4. 执行可执行文件

源程序经过编译、连接成为可执行文件(扩展名为.exe)后，可以在操作系统下直接运行。程序设计人员通过完成输入数据，查看经过程序处理的数据及输出结果。若结果正确则开发程序结束。但是要注意，有时候有结果不一定是预想的结果，需要反复调试源程序。

源程序中难免会存在错误，在编辑界面需要反复调试。源程序主要的错误可分为编译错误、逻辑错误、运行错误和连接错误等四类。

(1)编译错误。程序不符合 C 语言语法规定，在编译时将出错，编译错误包括语法错误(error)和警告错误(warning)。例如某一变量未定义先使用，则会出现语法错误。又如某变量未赋初值就用来求和，则会出现警告错误。

(2)逻辑错误。一个程序在编译时没有出现错误，执行后仍然得不到正确结果，这是由于在算法的设计过程或程序的表达式中存在错误，如表达式书写错误，程序控制流程错误等。

(3)连接错误。把目标程序连接成可执行程序时出现错误。如找不到库文件错误等。

(4)运行错误。程序执行时在某些特殊情况发生的错误，如变量越界，除零错误等。

调试源程序是指对程序进行查错和排错，最常见的错误是编译错误和逻辑错误。

1.4.2 上机运行 C 语言程序的方法

Visual C++6.0 是一个功能强大的可视化软件开发工具,它将程序的代码编辑、程序编译、链接和调试等功能集于一身。Visual C++6.0 操作和界面都要比 Turbo C 友好,这使得程序开发过程更快捷、更方便。本书中所有的程序都是在 Visual C++6.0 开发环境中进行编写的,虽然 Turbo C 有很多的优点,但是与 Visual C++6.0 相比,Turbo C 的一些操作还是不够方便。

1. 安装 Visual C++6.0

VC++ 6.0 是 Microsoft Visual Studio 6.0 软件包的一个组件,只能在 Windows 平台上安装和使用;其安装比 TC 2.0 的安装繁琐一些,但并不复杂。安装时,用鼠标双击 Microsoft Visual Studio 6.0 软件包光盘的根目录下的 SETUP. EXE 文件图标即可启动 Microsoft Visual Studio 6.0 安装向导,然后在安装向导的引导下操作即可完成 VC++ 6.0 的安装。

2. 启动 Visual C++6.0

单击 Windows 的"开始"按钮,依次选择"程序"→ "Microsoft Visual Studio 6.0"→ "Microsoft Visual C++6.0",进入 VC++ 6.0 的工作界面,如图 1-2 所示。

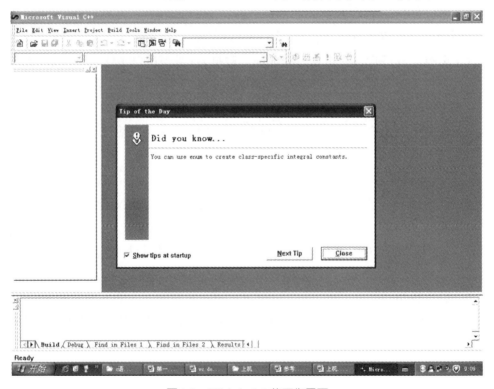

图 1-2　VC++ 6.0 的工作界面

3.新建工程

（1）单击主窗口顶部的 File（文件）菜单中的 New（新建）选项，系统弹出 New（新建）对话窗体。

（2）单击 New（新建）对话窗体顶部的 Project（工程）选项，系统弹出 Project（工程）选项页面，在该页面上选择 Win32 Console Application（Win32 控制台应用程序）。在 ProjectName（工程名）输入框中输入一个工程名字如"ABC"，在 Location（位置）输入框中输入一个路径（或单击位置框右边的选择按钮，在弹出的 Choose Directory（目录选择）对话窗体中选择一个路径）如"C:\Program Files\Microsoft Visual Studio\MyProjects\ABC"，然后按下 OK（确定）按钮，如图 1-3 所示。

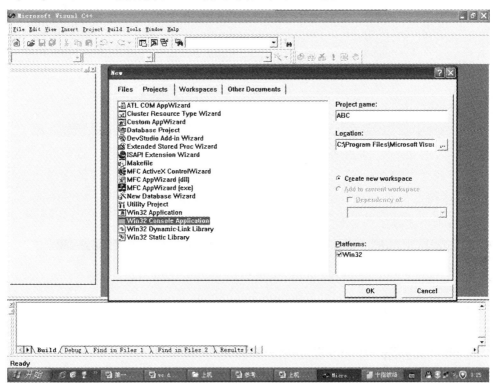

图 1-3　VC++ 6.0 的新建工程

（3）在弹出的 Win32 Console Application-Setup 1 of 1 对话窗体中选择 An Empty Project 选项，然后单击 Finish（完成）按钮，如图 1-4 所示。

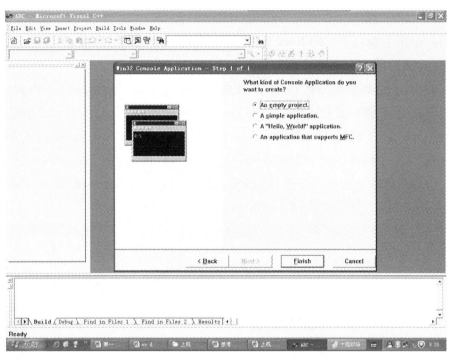

图 1-4　VC++ 6.0 的新建空工程

（4）在弹出的 New Project Information（新建工程信息）对话窗体中单击 OK（确定）按钮。至此，在"C：\Program Files\Microsoft Visual Studio\MyProjects\ABC"目录下建成了一个名为"ABC"的空工程，如图 1-5 所示。

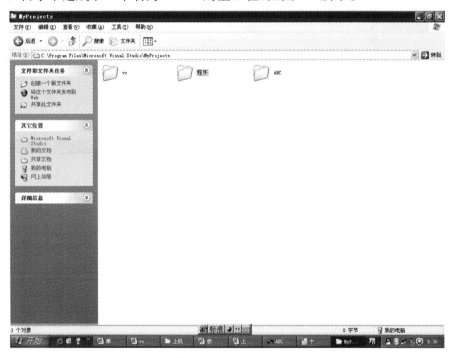

图 1-5　新建工程地址

4．新建源程序文件

方法 1：

（1）从主窗口顶部的 Project（工程）选项起，依次选择 Project（工程）→Add to Project（添加工程）→New（新建），弹出 New（新建）对话窗体。

（2）在 New（新建）对话窗体中，选择 Files（文件）→C++ Source File，在右边的文件输入框中输入源程序文件名，例如 ABC_1.c（加上 .c 扩展名指出是建立 C 语言源程序，不加扩展名就默认为 .cpp，即 C++源程序）。单击 OK（确定）按钮，系统将回到主窗口，且主窗口右边出现了 ABC_1.C 文件的编辑窗口。

（3）在主窗口右边的编辑窗口中输入源程序，并保存这个文件，如图 1-6 所示。

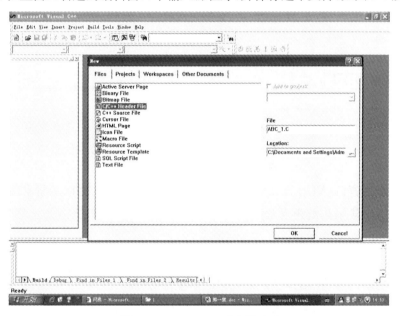

图 1-6　VC++ 6.0 的新建文件

方法 2：

（1）单击主窗口顶部的 File（文件）菜单中的 New（新建）选项，系统弹出 New（新建）对话窗体。

（2）执行方法 1 的第（2）步、第（3）步操作，然后将源文件存入适当的文件夹。

（3）从主窗口顶部的 Project（工程）选项起，依次选择 Project（工程）→Add to Project（添加工程）→Files，将文件添加到一个项目去。

5．编辑源程序文件

（1）单击主窗口顶部的 File（文件）菜单中的 Open（打开）选项，系统弹出 Open（打开）对话窗体。

（2）使用 Open（打开）对话窗体顶部的文件夹选择框选择存放源文件的文件夹（如 C:\Program Files\Microsoft Visual Studio\MyProjects\ABC）；然后在该

窗体的文件名输入框内输入源文件名称(或在该窗体中部的文件名列表框内选取源文件),如 ABC_1.C,再按"打开"按钮,系统将回到主窗口,且主窗口右边出现了指定的源文件的编辑窗口。

(3)在主窗口的右边编辑窗口中编辑源程序,并保存这个文件。

Visual C++6.0集成开发环境的主窗口如图 1-7 所示。

图1-7　VC++ 6.0 的主窗口

①工作区窗口:VC++6.0以工程工作区的形式组织文件、工程和工程设置。工作区窗口中显示当前正在处理的工程基本信息,通过窗口下方的选项卡可以使窗口显示不同类型的信息。

②源程序编辑窗口:是输入、修改和显示源程序的场所。

③输出窗口:是在编译、连接时显示信息的场所。

④状态栏:是显示当前操作或所选择命令的提示信息。

下面是一些最常用的菜单命令:

①"文件"—"新建":创建一个新的文件、工程或工作区,其中"文件"选项卡用于创建文件,包括".C"为文件名后缀的文件;"工程"选项卡用于创建新工程。

②"文件"—"打开":在源程序编辑窗口中打开一个已经存在的源文件或其他需要编辑的文件。

③"文件"—"关闭":关闭在源程序编辑窗口中显示的文件。

④"文件"—"打开工作区":打开一个已有的工作区文件,实际上就是打开对应工程的一系列文件,准备继续对此工程进行工作。

⑤"文件"—"保存工作区":把当前打开的工作区的各种信息保存到工作区文件中。

⑥"文件"—"关闭工作区":关闭当前打开的工作区。

⑦"文件"—"保存":保存源程序编辑窗口中打开的文件。

⑧"文件"—"另存为":把活动窗口的内容另存为一个新的文件。

⑨"查看"—"工作区":打开、激活工作区窗口。

⑩"查看"—"输出":打开、激活输出窗口。

⑪"查看"—"调试窗口":打开、激活调试信息窗口。

⑫"工程"—"添加工程"—"新建":在工作区中创建一个新的文件或工程。

⑬"编译"—"编译":编译源程序编辑窗口中的程序,也可用快捷键"Ctrl＋F7"。

⑭"编译"—"构件":连接、生成可执行程序文件,也可用快捷键 F7。

⑮"编译"—"执行":执行程序,也可用快捷键"Ctrl＋F5"。

⑯"编译"—"开始调试":启动调试器。

6.编译源文件

(1)执行编辑源文件各步骤打开一个源文件(如 ABC_1.C)或执行新建源程序文件各步骤新建一个源文件;

(2)单击主窗口顶部的 Build(编译)菜单中的 Compile ABC_1.C(编译 ABC_1.C)选项,系统便自动编译当前的源文件,生成 ABC_1.OBJ 文件,并在主窗口下面的信息窗口中给出编译信息(如源文件中的错误位置、错误类型、错误数量等)。或者按快捷键"Ctrl＋F7"进行编译。如图 1-8 所示。

图 1-8　VC＋＋ 6.0 中编译源文件

7.建立可执行程序

(1)对于已经通过编译的无错误的.obj 文件,可单击主窗口顶部 Build(编译)菜单中的构件 ABC_1.exe 选项,或者按快捷键 F7 建立可执行程序。如果程序正确,在输出框中会输出信息:ABC_1.exe - 0 error(s),0 warning(s),否则将会出现错误信息。

（2）对于当前正在编辑的源文件，可单击主窗口顶部的 Build（编译）菜单中的"重建全部"选项或"开始调试"选项，系统便自动编译当前的源文件，生成 ABC_1.OBJ 文件；如果程序正确，则接着建立可执行程序。如果选择的是"开始调试"选项，则运行该可执行文件，运行结果将出现在另一个 DOS 方式的窗口中。如图 1-9 所示。

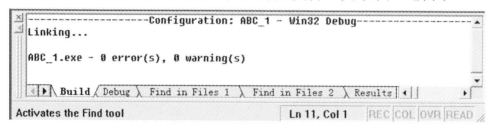

图 1-9　VC++ 6.0 调试输出窗口

8. 运行可执行程序

（1）对于已经连接成功的. EXE 文件，可单击主窗口顶部的 Build（编译）菜单中的"执行 ABC_1. EXE"选项运行之，运行结果将出现在 DOS 方式的窗口中。或者按快捷键"Ctrl＋F5"。

（2）对于当前正在编辑的源文件，可单击主窗口顶部的 Build（编译）菜单中的"开始调试"选项，系统自动编译当前的源文件，生成 ABC_1. OBJ 文件；如果程序正确则接着建立可执行程序，继而运行该可执行文件，运行结果将出现在 DOS 方式的窗口中。

按任意键或单击"关闭"按纽，可以退出运行界面。如图 1-10 所示。

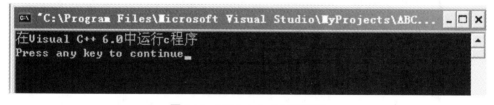

图 1-10　VC++ 6.0 运行结果

9. 关闭工作区

可通过单击主窗口顶部 File（文件）菜单中的 Close Workspace（关闭工作区）选项实现。

10. 退出 VC++ 6.0

可通过单击主窗口顶部的 File（文件）菜单中的"退出"选项实现。

小 结 1

1. C 程序设计语言是一门计算机高级语言,它可以让计算机按照人们的意图工作。

2. C 语言既具备高级语言的优点,也具备低级语言的功能;既可以用来编写系统软件,也可以用来编写应用软件;使用广泛。

3. C 语言程序的书写规则。一个 C 语言源程序有且只有 1 个 main 函数;函数名后必须紧跟圆括号对"()",函数体放在右圆括号")"后的花括号对"{ }"中;每个程序体(包括函数的函数体、含有多条语句的选择结构和循环结构中的内嵌语句序列)必须用 1 对花括号"{ }"括起来;文件包含预处理命令♯include＜＊.h＞应置于源程序的开始位置;语句末尾必须有分号;预处理命令(♯include、♯define)和函数首部的末尾及右花括号"}"之后不要分号;同一字母大、小写意义不同,关键字和标准库函数名必须用小写;变量必须先定义,后使用;除已有明显间隔符外,标识符、关键字之间必须有至少 1 个空格;注释必须包含在"/＊"和"＊/"符号对之间。

4. 上机运行 C 语言程序必须经过编辑、编译、连接、执行 4 个步骤;应熟练掌握上机过程、技巧和方法,尤其是快捷键的使用。

5. 目前使用的 Visual C++6.0 集成开发环境功能强、使用方便,可以轻松对 C 程序进行编译、连接和运行。

习 题 1

一、选择题

1. 一个 C 语言程序的执行是从(　　　)。

A. 本程序的 main 函数开始,到 main 函数结束

B. 本程序文件的第一个函数开始,到本程序文件的最后一个函数结束

C. 本程序的 main 函数开始,到本程序文件的最后一个函数结束

D. 本程序文件的第一个函数开始,到本程序 main 函数结束

2. 以下叙述正确的是(　　　)。

A. 在 C 语言程序中,main 函数必须位于程序的最前面

B. C 语言程序的每行中只能写一条语句

C. C 语言本身没有输入输出语句

D. 在对一个 C 语言程序进行编译的过程中,可发现注释中的拼写错误

3. 一个 C 语言程序是由(　　　)。

    A. 一个主程序和若干子程序组成　　　　B. 函数组成

    C. 若干过程组成　　　　　　　　　　　D. 若干子程序组成

4. 在 Visual C++6.0 中,查看程序运行结果的动能热键是(　　　)

    A. Alt+F9　　　　　　　　　　　　　B. Ctrl+F5

    C. F9　　　　　　　　　　　　　　　D. Alt+F5

5. 源程序 TEST. C 经编译产生的目标文件和连接后产生的可执行文件是

    (　　　)。

    A. TEST. bak 和 TEST. obj　　　　　B. TEST. obj 和 TEST. exe

    C. TEST. exe 和 TEST. c　　　　　　D. TEST. bak 和 TEST. exe

二、填空题

    1. C语言源程序的基本单位是_____,一个C源程序中至少包括一个_____。

    2. 在一个C语言源程序中,注释部分两侧的分界符分别为_____和_____。

    3. 在C语言中,输入操作是由库函数_____完成的,输出操作是由库函数_____完成的。

    4. 在 Visual C++6.0 集成开发环境下,将当前文件以指定的文件名存盘的功能热键是_____,编译的功能热键是_____,连接的功能热键是_____。

第2章 Chapter 2 数据类型、运算和输入输出

教学目标

◇ 熟悉 C 语言程序设计中标识符和关键字的基本概念。

◇ 掌握 C 语言程序设计中基本数据类型的使用方法。

◇ 掌握 C 语言程序设计中常用运算符和表达式的使用。

◇ 掌握 C 语言程序设计中输入输出函数的使用方法。

2.1 C 语言的数据类型

在 C 语言中,系统提供的数据结构是以数据类型的形式出现的,数据类型 (Data Type)在数据结构中的定义是,一个值的集合以及定义在这个值集上的一组操作。程序中使用的数据都属于一个确定的、具体的数据类型,不同类型的数据在数据表示形式、合法的取值范围、占用内存空间大小及可以参与的运算种类等方面都是不同的。在程序设计中一定要注意数据类型的匹配。

C 语言的数据类型十分丰富,数据处理功能非常强大,具体如下图所示。

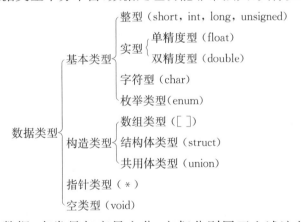

C 语言中的数据,有常量与变量之分,它们分别属于上述这些类型。在程序中对用到的所有数据都必须指定其数据类型。本章将主要介绍基本类型中的整型、实型和字符型。

2.1.1 常量和变量

1.标识符

标识符是指用来标识变量名、符号常量名、函数名、数组名、类型名、文件名等的有效字符序列。

C 语言规定:标识符只能由字母、数字、下划线组成,并且只能由字母、下划线开头。如:abc、a12、x 是合法的标识符,abc＄、12a、x＋y 不是合法的标识符。

使用标识符时要注意:

(1)C 语言对英文字母的大小写敏感,即同一字母的大小写被认为是两个不同的字符。例如 total 与 TOTAL 是不同的标识符。

(2)C 语言中的关键字(int 等)不能用作标识符。关键字又称保留字,是 C 语言中预先规定的具有固定含义的一些单词。表 2-1 给出 C 语言的 32 个关键字。

表 2-1　C 语言中的关键字

auto	break	case	char	const
continue	default	do	double	else
enum	extern	float	for	goto
if	int	long	register	return
short	signed	sizeof	static	struct
switch	typedef	unsigned	union	void
volatile	while			

(3)标识符的命名最好是见名知义。即通过标识符就知道标识符所表示的含义。通常应选择能表示数据含义的英文单词(或缩写)作标识符,或以汉语拼音字头作标识符。例如:name/xm(姓名)、sex/xb(性别)、age/nl(年龄)、salary/gz(工资)。

(4)标识符的有效长度随系统而异,一般最好不要超过 8 个字符。如果超长,则超长部分被舍弃。例如,由于 student_name 和 student_number 的前 8 个字符相同,有的系统认为这两个字符是一回事而不加区别。在 TC 2.0 中标识符的有效长度为 1~32 个字符。为了程序的可移植性以及阅读的方便,建议命名时不要超过 8 个字符。

注意:标识符要做到含义清楚。例如,用 PRICE 代表价格,看程序时从 PRICE 就可知道它代表价格。在一个规范的程序中不提倡使用很多的常数,应尽量使用"见名知义"的符号常量和变量名。

2.变量与常量

任何数据在程序中呈现的形式只有两种:常量和变量。常量是指在程序运行过程中其值不可以改变的量;变量是指在程序运行过程中其值可以更新的量。常量和变量都必须从属于某一数据类型。

（1）常量和符号常量。

在 C 语言中，根据类型的不同可以将常量分为以下 5 种。

①整型常量：以整数形式存在的常量，如 8、0、-6。

②实型常量：以浮点数形式存在的常量，即带有小数点的数，如 3.14，2.5×10^3。

③字符型常量：以单个字符形式存在的常量，如'a''b''\n'。

④字符串常量：以字符序列形式存在的常量，如"abc""tt"。

⑤符号常量：用一个符号来代表程序中多次使用的常量，如用 PI 代表 3.14。

定义符号常量的一般格式为：

＃define　　标识符　　　常量

这是一条预编译命令，通常放在程序的最前面。格式中的标识符就是符号常量。

例如：

```
＃define   PI   3.14
```

一般情况下，符号常量名用大写，变量名用小写，以示区别。使用符号常量的好处是"见名知义"和"方便修改"。例如，在上例中，如果要将圆周率用更精确的 3.1415 替代。假如原来没有使用符号常量，而是直接使用数值常量 3.14，那么在程序中所有使用 3.14 的地方均要作修改，容易产生遗漏。而使用符号常量时，只需修改定义时的常量值。

（2）变量。

在 C 程序运行时，其值能被改变的量称为变量。变量可分为整型变量、实型变量、字符变量（注意，C 语言中没有字符串变量，是用字符数组来解决字符串变量问题的）。在 C 程序设计中，变量的本质是计算机内存中的某一存储空间，变量必须遵守"先定义，后使用"的原则，计算机为定义后的变量分配一定量的存储空间，不同的数据类型被分配的存储空间不同。变量命名遵循标识符命名规则，习惯上，变量名用小写字母表示，以增加可读性。

定义变量的一般格式为：

　　　类型标识符　　　变量名表；

例如：

```
int   a, b, c;          /＊ 定义整型变量 ＊/
float   x, y, z;        /＊ 定义实型变量 ＊/
char   ch1, ch2;        /＊ 定义字符变量 ＊/
```

【例 2-1】　假设圆锥的底半径 r＝圆锥的高 h＝2 cm，求圆锥的底面积和体积，体积保留 2 位有效数字。

源程序：

```
#include<stdio.h>
#define PI 3
void main( )
{
  int r,h,s;
  float v;
  r=2;
  h=2;
  s=PI*r*r;
  v=1.0/3*s*h;
  printf("输出圆锥体的底面积 s=%dcm^2",s);
  printf("输出圆锥体的体积 v=%.2fcm^3",v);
}
```

运行结果：

```
"C:\Documents and Settings\Administrator\Debug\1.exe"
输出圆锥体的底面积s=12cm^2
输出圆锥体的体积v=8.00cm^3
Press any key to continue_
```

结果分析：

通过上面这个例题，可以对看出 PI 被定义为 3，那么底面积 s 可以是整型。如果需要精确到百分位，我们可以改变 PI 的值。此时只需要将 #define PI 3 改为 #define PI 3.14，就可以做到"一改全改"。同时底面积 s 应该使用 float 类型来定义。这里的体积 v 是 float 类型，是因为公式中有 1.0/3。注意这里不能使用 1/3，后面章节会讲解，在计算机中，1/3 的值为 0。

例题仿写：

假设球的半径 r=2 cm，求该球的表面积和体积，保留 1 位有效数字。

2.1.2 整型数据

在 C 语言中，用于表达和处理整数的数据称为整型数据。整型数据分为整型常量和整型变量。

1.整型常量

整型常量即整数常量。在 C 语言中，整型常量可以用以下 3 种形式表示。

(1)十进制整数：如 163、3721；

(2)八进制整数：如 0123、0567；

(3)十六进制整数:如 0x123、0xabc。

说明:C 语言规定,八进制整数以数字 0 开头,数码范围为 0~7。十六进制整数以 0x 开头,数码范围为 0~F,其中 A、B、C、D、E、F 分别表示 10、11、12、13、14 和 15。

【例 2-2】 整型常量 3 种形式的应用。

源程序:

```
#include<stdio. h>
void main( )
{
    int a, b, c;
    a=136;
    b=0136;
    c=0x136;
    printf("a 为十进制的 136, b 为八进制的 0136,c 为十六进制的 0x136\n");
    printf("均按十进制格式输出为:a=%d, b=%d, c=%d\n", a, b, c);
    printf("均按八进制格式输出为:a=%o, b=%o, c=%o\n", a, b, c);
    printf("均按十六进制格式输出为:a=%x, b=%x, c=%x\n", a, b, c);
}
```

运行结果:

```
"C:\Documents and Settings\Administrator\Debug\1.exe"
a 为十进制的136, b 为八进制的0136,c 为十六进制的0x136
均按十进制格式输出为:a=136, b=94, c=310
均按八进制格式输出为:a=210, b=136, c=466
均按十六进制格式输出为:a=88, b=5e, c=136
Press any key to continue
```

结果分析:

(1)程序中使用了 3 个整型常量 136、0136、0x136,分别存放在变量 a、b、c。其中八进制和十六进制分别是以 0 和 0x 开头的。

(2)程序中输出函数 printf( ) 函数中使用了 3 种格式符:%d、%o、%x,分别表示将变量的值以十进制、八进制和十六进制形式输出。

2. 整型变量

整型变量是用来存放整型数据的变量,可以分成以下 4 种。

(1)有符号基本整型变量。

有符号基本整型变量是用 signed int 定义,或直接用 int 定义。每个变量的字节长度为 2,表示数的范围为−32 768~32 767。例:

```
[signed] int a,b;
a=-200;b=150;
```

(2)无符号基本整型变量。

无符号基本整型变量是用 unsigned int 定义,或直接用 unsigned 定义。每个变量的字节长度为 2,所表示数的范围为 0～65 535。例:

```
unsigned [int] a;
a=200;
```

(3)有符号长整型变量。

有符号长整型变量用 signed long int 定义,或直接用 long 定义。每个变量的字节长度为 4,所表示数的范围为-2 147 483 648～2 147 483 647。例:

```
[signed] long [int] a;
a=1024 * 1024;
```

(4)无符号长整型变量。

无符号长整型变量是用 unsigned long int 定义,或直接用 unsigned long 定义。每个变量的字节长度为 4,所表示数的范围为 0～4 294 967 295。例:

```
unsigned long [int] a;
```

整型变量存放数据的范围由各 C 编译系统而定。以上数据范围都是运行在 16 位机程序设计语言 Turbo C 中的,而现在我们使用的 32 位机程序设计语言 VC++ 6.0 中,int 型数据在内存中占 4 个字节,其取值范围为-2 147 483 648～ 2 147 483 647。同时注意在微机上用 long 型可以得到较大范围的整数,但同时会降低运算速度,因此应尽量避免使用 long 型。如定义一个变量存放 10!,可以将其变量定义为 long 型。

2.1.3 实型数据

在 C 语言中,用于表达和处理带小数点的数据称为实型数据。

1. 实型常量

实型常量有两种表示形式。

(1)小数形式。

由数字和小数点组成,如:3.14、2.73。

若整数部分为 0,可省略整数部分,如.618 与 0.618 等价;若小数部分为 0,可省略小数部分,如 7. 与 7.0 等价。但不能没有小数点,且小数点两边至少有一边要有数。

(2)指数形式。

如 1.43E16。字母 E(或 e)之前、之后都必须要有数,并且 E(或 e)后面的数必须为整数。

2. 实型变量

实型变量分为单精度型和双精度型。

(1)单精度实型变量。

用类型标识符 float 定义的是单精度实型变量,其字节长度为 4 字节,取值范围是−3.4E−38~3.4E38,有效位数为 7 位。

(2)双精度实型变量。

用类型标识符 double 定义的是双精度实型变量,其字节长度为 8 字节,取值范围是−1.7E−308~1.7E308,有效位数为 15~16 位。

(3)长双精度实型变量。

用类型标识符 long double 定义的是长双精度实型变量,其字节长度为 16 字节,取值范围是−1.7E−4932~1.7E4932,有效位数为 18~19 位,一般用不到此类型。

【例 2-3】 实型变量使用示例。

源程序:

```
#include<stdio.h>
void main( )
{
    float x, y, z;                      /* 定义单精度实型变量 */
    x=3.14;
    y=3.14e-2;
    z=1.23456789;
    printf("x=%f, y=%f, z=%.4f\n", x, y, z);
}
```

运行结果:

```
⌨ "C:\Documents and Settings\Administrator\Debug\1.exe"
x=3.140000
y=0.031400
z=1.2346
Press any key to continue_
```

结果分析:

(1)"%f"表示数据以实数形式输出,小数点后保留 6 位有效数字。

(2)"%.4f"中的 4 用来指定输出数据中的小数位数(四舍五入)。

2.1.4 字符型数据

用于表达处理字符类的数据称为字符型数据,有字符常量和字符变量之分。

1. 字符常量

字符常量是用一对单引号括起来的一个字符,如'A''!'' * ''5'等。C 语言中,除了键盘上那些可显示的字符外,还把一些"控制字符"作为字符常量来使用,如回车、空格、制表符 tab 等。这就是转义字符,通常表示特定意义的字符。常用的转义字符如表 2-2 所示。

表 2-2　常用转义字符表

转义字符	代表的字符	ASCII 码	八进制表示
\n	换行符(使光标移到下一行开头)	10	012
\r	回车符(使光标回到本行开头)	13	015
\b	退格符(使光标左移一列)	8	010
\t	水平制表符	9	011
\v	垂直制表符	11	013
\'	单引号	39	047
\"	双引号	34	042
\\	反斜线	92	0114
\ddd	ddd:1~3 位八进制数形式的 ASCII 码所代表的字符		
\xhh	hh:1~2 位十六进制数形式的 ASCII 码所代表的字符		

转义字符的含义是将反斜杠"\"后面的字符转换成另外的含义。如:'\n'是作为换行符,也可用'\012'表示;'\t'是表示水平制表符,也可以用'\011'表示。需要注意,转义字符表示的是一个字符,不是两个字符。

【例 2-4】 转义字符应用示例。

源程序:

```
#include<stdio.h>
void main()
{
    printf("0123456789abcdef\n");   / * 显示列数 * /
    printf(" A B C D \n");
    printf("AB\012CD\n");
    printf("AB\rCD\n");
    printf("AB\bCD\n");
    printf("AB\tCD\n");
    printf("\65\t\x22\n");
}
```

运行结果：

```
"C:\Documents and Settings\Administrator\Debug\1.exe"
0123456789abcdef
 A B C D
AB
CD
CD
ACD
AB      CD
5       "
Press any key to continue_
```

结果分析：

（1）第一个输出语句输出列数，从 0～f 共 16 列，在运行结果中，可以清晰地分辨出下面输出的内容所在的位置。

（2）第二个输出语句输出的" A B C D"中无任何转义字符，但是要注意空格符号。

（3）第三个输出语句中的字符"BC"中间有一个回车换行符'\012'，从而得到运行结果中"AB"与"CD"之间多个换行符。

（4）第四个输出语句中的"B"与"C"中间有一个回车符'\r'，从而使得回车后的"CD"显示在了"AB"的位置上，即"CD"覆盖了"AB"，从而使得运行结果中只显示"CD"。

（5）第五个输出语句中的字符 BC 中间有一个退格符'\b'，从而使光标退格后的"C"显示在了"B"的位置上，即"C"覆盖在"B"上，从而得到运行结果中显示 ACD。

（6）第六个输出语句中的"B"与"C"中间有一个水平制表符'\t'，从而使光标前进了一个制表位，使得字符"AB"占 8 列，空出 6 个空格输出"CD"。

（7）第七个输出语句用八进制和十六进制数形式的 ASCII 码输出字符，'\65'和'\x22'分别对应 ASCII 码表中的字符'5'和'"'。

2. 字符变量

字符变量用来存放字符常量，每个字符变量只能放 1 个字符，在内存中占 1 个字节，以其 ASCII 码的二进制补码形式存储。字符变量的基本类型定义符为 char。

字符变量的定义形式如下：

```
char  c1,c2;
```

它表示 c1 和 c2 为字符型变量，均可以放 1 个字符，定义了 c1,c2 之后，可以用下面语句对 c1,c2 赋值。

```
c1 ='a';c2 ='b';        /＊字符常量 a 和 b 赋给字符变量 c1 和 c2＊/
```

在输出时，用"％c"的格式来输出其与 ASCII 值对应的一个字符；反之，也可以把字符变量中的存储内容用"％d"的格式来输出其对应的 ASCII 值。我们也可以对字符变量进行算术运算，如英文字母的大小写转换（A 的 ASCII 值是 65，a 的 ASCII 值是 97）。

【例 2-5】 字符变量用法示例。

源程序：

```
#include<stdio.h>
void main( )
{
    int i;
    char c='B';
    i=c*c;
    printf("%c,%c,%c,%c\n", c,c-1,c+1,c+32);
    printf("%d,%d,%d,%d\n", c,c-1,c+1,c+32);
    printf("%d,%c\n", i,i);
    printf("%6d\n", i%256);
}
```

运行结果：

结果分析：

(1)第一个输出语句按字符格式输出字符变量存储的字符 B 及其前一个字符、后一个字符和小写字符(大写字母字符的 ASCII 值比小写字母字符小 32)。

(2)第二个输出语句按整数格式输出字符变量对应的 ASCII 值,如果指定的输出宽度 1(格式符前面的数)小于数据的实际宽度,就按其实际宽度输出。

(3)第三个输出语句按整数格式输出字符变量的 ASCII 值的平方值 4356 及其对应的字符。

(4)最后一个输出语句按整数格式输出该平方值除以 256 所得的余数 4,指定的输出宽度为 6,大于数据的实际宽度,前面补上 5 个空格字符的位置。

2.1.5 类型转换

在 C 语言中,整型、实型和字符型数据间可以混合运算(因为字符数据与整型数据可以通用)。如果一个运算符两侧的操作数的数据类型不同,如:'a'+1.5 * 3.14+1.7E+008,系统会将数据自动转换成同一类型,然后在同一类型数据间进行运算。数据类型转换有自动进行的,也有强制执行的。前者称为隐式类型转换,后者称为强制类型转换。

1.隐式类型转换

隐式类型转换又可分为算术转换和赋值转换两类。

(1)算术转换主要出现在算术运算过程中,转换规则如下:

$$double \leftarrow float$$
$$\uparrow$$
$$long$$
$$\uparrow$$
$$unsigned$$
$$\uparrow$$
$$int \leftarrow char, short$$

图 2-1　转换规则

图 2-1 中横向向左的箭头表示必定的转换,如字符型(char)数据必定先转换为整型(int)数据,short 型必定先转换为 int 型,float 型数据在运算时一律转换成双精度型,以提高运算精度(即使是两个 float 型数据相加,也要先转化成 double 型,然后再相加)。

纵向的箭头表示当运算对象为不同类型时转换的方向。例如 int 型与 double 型数据进行运算,先将 int 型的数据转换成 double 型,然后在两个同类型(double 型)数据间进行运算,结果为 double 型。注意箭头方向只表示数据类型级别的高低,由低向高转换,而不是表示 int 型先转换成 unsigned 型,再转换成 long 型,再转换成 double 型。如果一个 int 型数据与一个 double 型数据运算,是直接将 int 型转换成 double 型。同理,如果一个 int 型与一个 long 型数据运算,就直接将 int 型转换成 long 型。

假设定义 ch 为字符型变量,i 为整型变量,f 为 float 型变量,d 为 double 型变量,则下式:

10＋ch/i ＋ f＊d－(f＋d)

在运算过程中的数据类型转换如图 2-2 所示。

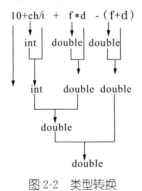

图 2-2　类型转换

上述的类型转换是由系统从左向右自动扫描的,运行次序描述如下。

由于运算符"/"比"+"优先级高,先将 ch 转换成整型,然后执行 ch/i,结果为整型。之后执行加 10 运算。之后在执行 f＊d 时,先将 f 转换成 double 型,运算的结果为 double 型。同理,f＋d 的结果也是 double 型。最后,10＋ch/i 的结果整型再变成 double 型,进而执行后继运算,最终结果是 double 型。

在进行隐式类型转换时,总是将表示范围数值小的数据类型转换成表示范围数值大的数据类型。

(2)赋值转换

赋值转换主要出现在赋值表达式中,不管赋值运算符右边是什么类型,都要转换为赋值运算符左边的类型。若赋值运算符右边的值表示范围更大,则左边赋值所得到的值将失去右边数据的精度。

【例 2-6】 赋值转换示例。

源程序:

```
#include<stdio.h>
void main( )
{
  int i=5.15;
  char ch='a';
  float f=3;
  printf("%f\n",i+ch+f);
}
```

运行结果:

```
ᶜ˅ "C:\Documents and Settings\Administrator\Debug\2-06.exe"
105.000000
Press any key to continue_
```

结果分析:

定义了三个变量 i,ch,f,分别赋值 5.15、'a'和 3,在实际运算过程中,i 的值变成了 5,ch 的值变成 97,f 的值变成 3.000000,最后的运算结果是 105.000000。

2.强制类型转换

C 语言提供了强制类型转换运算符来实现强制类型转换。在进行类型转换时,操作数的值并不发生改变,改变的只是表达式值的类型。

格式:　(类型)表达式

例如:

(float)x=5.5; i=(int)x; /* x 的值是 5.5, i 的值是 5 */

使用强制转换类型得到的是一个所需类型的中间量,原表达式类型并不发生变化。例如,(double)a 只是将变量 a 的值转换成一个 double 型的中间量,其数据类型并未转换成 double 型。

【例 2-7】 强制类型转换示例。

源程序:

```
#include<stdio.h>
void main( )
{
    int a=2;
    float x,y;
    x=5.8;y=4.3;
    printf("%d\t",(int)(x+y)%2);
    /* 将 x+y 的值强制转换为 int 类型,再执行余 2 运算 */
    printf("%d\t",(int)x+a%2);
    /* 将 x 的值强制转换为 int 类型,加上 a 余 2 的值 */
    printf("%d\t",((int)x+a)%2);
    /* 将 x 的值强制转换为 int 类型,与 a 求和后再执行余 2 运算 */
}
```

运行结果:

```
"C:\Documents and Settings\Administrator\Debug\2-07.exe"
0       5       1
Press any key to continue
```

结果分析:

第一个输出语句是将 x 与 y 和的值 10.1,强制转换成整型 10 后再进行余 2 运算,输出值是 0。第二个输出语句是先将 x 的值强制转换成整型 5 后,再加上 a 余 2 运算的值 0,结果输出值是 5。第三个输出语句是先将 x 的值强制转换成整型 5 后,再加上 a 得到 7,然后执行余 2 运算,结果输出值是 1。

2.2 运算符和表达式

C 语言的运算符可以把除了控制语句和输入输出以外的几乎所有的基本操

作都作为运算符处理,例如将赋值符"="作为赋值运算符,方括号作为下标运算符等。C语言的运算符有以下几类。

算术运算符	（＋ － ＊ ／ ％）
关系运算符	（＞ ＜ ＝＝ ＞＝ ＜＝ ！＝）
逻辑运算符	（！ && ‖）
位运算符	（＜＜ ＞＞ ～ ｜ ＾ &）
赋值运算符	（＝ 及其扩展赋值运算符）
条件运算符	（？ ：）
逗号运算符	（，）
指针和地址运算符	（＊ 和 &）
求字节数运算符	（sizeof）
强制类型转换运算符	（类型）
分量运算符	（． —＞）
下标运算符	（［ ］）
其他	（如函数调用运算符（））

在C语言中,用各种运算符将常量连接在一起就是C表达式了,C表达式主要有算术表达式、关系表达式、逻辑表达式、赋值表达式、逗号表达式。表达式在运算过程中要注意运算符的优先级和结合性。

运算符的优先级别从高到低依次为:

初等运算符,如（）、［ ］、—＞、．；单目运算符,如！、～、＋＋、－－、＊（指针）、&（地址）、（类型）；算术运算符（先乘除,后加减）；关系运算符；逻辑运算符（不包括！）；条件运算符；赋值运算符；逗号运算符。

所谓结合性是指,当一个操作数两侧的运算符具有相同的优先级时,该操作数是先与左边的运算符结合,还是先与右边的运算符结合。自左至右的结合方向,称为左结合性。反之,称为右结合性。结合性是C语言的独有概念。除单目运算符、赋值运算符和条件运算符是右结合性外,其他运算符都是左结合性。

2.2.1 赋值运算符和赋值表达式

1. 赋值运算符

赋值符号"="就是赋值运算符,它的作用是将一个数据赋给一个变量。如 x=5 的作用是执行一次赋值操作,将常量5赋给变量x。给变量赋值我们称之为变量初始化。

格式:变量标识符＝表达式

功能:将"="右侧的常量或表达式计算所得的值赋给左侧的变量。

结合方向：从右向左。

例如：

```
int a=4;        /*指定 a 为整型变量,初值为 4 */
float f=4.56;   /*指定 f 为实型变量,初值为 4.56 */
char c='a';     /*指定 c 为字符变量,初值为'a' */
```

也可以给被定义变量的一部分赋初值。如：

```
int a=1,b=-3,c;
```

表示 a、b、c 为整型变量,只对 a,b 初始化,a 的值为 1,b 的值为-3。如果对几个变量赋以同一个初值, 千万不能写成：

```
int a=b=c=3;
```

而应写成：

```
int a=3,b=3,c=3;
```

初始化不是在编译阶段完成的(只有静态存储变量和外部变量的初始化是在编译阶段完成的),而是在程序运行时执行本函数时赋以初值的,相当于有一个赋值语句。

例如：

```
int a=4;
```

相当于：

```
int a;          /*指定 a 为整型变量 */
a=4;            /*赋值语句,将 4 赋给 a */
```

又如

```
int a,b,c=8;
```

相当于：

```
int a,b,c;      /*指定 a、b、c 为整型变量 */
c=8;            /*将 8 赋给 c */
```

在 C 语言中,变量必须先定义后使用,赋值后就可以参与运算。

2. 复合赋值运算符

在赋值符"="之前加上其他双目运算符,可以构成复合赋值运算符。

格式为:变量 双目运算符＝ 表达式

其中"双目运算符＝"即是复合赋值运算符。它等价于:变量＝变量 双目运算符表达式。

例如

a＋＝3	等价于	a＝a＋3
x＊＝y＋8	等价于	x＝x＊(y＋8)
x％＝3	等价于	x＝x％3

以"a＋＝3"为例来说明,它相当于使 a 进行一次自加(3)的操作。即先使 a 加 3,再赋给 a。同样,"x＊＝y＋8"的作用是先使 x 乘以(y＋8),再赋给 x。

为便于记忆,可以这样理解:

①a＋＝b　　　　　　　　(其中 a 为变量,b 为表达式)

②<u>a＋</u>＝　　b　　　　　(将有下划线的"a＋"移到"＝"右侧)

③a＝a＋b　　　　　　　(在"＝"左侧补上变量名)

注意:

a＝a＋b 如果 b 是包含若干项的表达式,则相当于它有括号。如:

①x％＝y＋3

②<u>x％</u>＝(y＋3)

③x＝x％(y＋3)　　　(不要理解为 x＝x％y＋3)

C 语言规定的 10 种复合赋值运算符如下:

＋＝,－＝,＊＝,/＝,％＝;　　　/＊5 个复合算术运算符＊/

&＝,^＝,|＝,<<＝,>>＝。　　/＊5 个复合位运算符＊/

3.赋值表达式

由赋值运算符将一个变量和一个表达式连接起来的式子称为"赋值表达式"。它的一般形式为:

<变量> <(复合)赋值运算符> <表达式>

如"a＝5"是一个赋值表达式。对赋值表达式求解的过程是:将赋值运算符右侧的"表达式"的值赋给左侧的变量。赋值表达式的值就是被赋值的变量的值。例如,"a＝5"这个赋值表达式的值为 5(变量 a 的值也是 5)。

上述一般形式的赋值表达式中的"表达式",又可以是一个赋值表达式。如:

a＝(b＝5)

括弧内的"b＝5"是一个赋值表达式,它的值等于 5,因此"a＝(b＝5)"相当于"a＝5",a 的值等于 5,整个赋值表达式的值也等于 5。赋值运算符按照"自右而左"的结合顺序,因此:"b＝5"外面的括弧可以不要,即"a＝(b＝5)"和"a＝b＝5"等价,都是先求"b＝5"的值(得 5),然后再赋给 a,下面是赋值表达式的例子:

a＝b＝c＝5(赋值表达式值为 5,a b c 值均为 5)

a＝5＋(c＝6)　　　　　(表达式值为 11,a 值为 11,c 的值为 6)

a＝(b＝4)＋(c＝6)　　　(表达式值为 10,a 值为 10,b 等于 4,c 等于 6)

a＝(b＝10)/(c＝2)　　　(表达式值为 5,a 等于 5,b 等于 10,c 等于 2)

赋值表达式也可以包含复合的赋值运算符。如:

a＋＝a－＝a＊a

也是一个赋值表达式。如果 a 的初值为 12,此赋值表达式的求解步骤如下:

①先进行"a－＝a＊a"的运算,它相当于 a＝a－a＊a,a 的值＝12－144＝－132。

②再进行"a＋＝a"的运算,相当于 a＝a＋a＝－132－132＝－264。

将赋值表达式作为表达式的一种,使赋值操作不仅可以出现在赋值语句中,而且可以以表达式的形式出现在其他语句(如循环语句)中,这是 C 语言灵活性的一种表现。

【例 2-8】　赋值运算示例。

源程序:

```
#include<stdio.h>
void main( )
{
    int a=8,b=2;
    a+=b+2;              /*复合语句相当于执行了 a=a+(b+2)操作*/
    a+=a-=a*a;
    printf("a 的结果是%d\n",a);
}
```

运行结果:

结果分析:

程序中定义两个变量 a,b,其值分别为 8 和 2。在执行复合算术赋值运算后,a 中存放 12。语句"a＋＝a－＝a＊a;"的执行按照自右而左的结合顺序,见上文。

例题仿写:

编写程序,执行语句 a＋＝a－＝a＊＝a 后,输出 a 的值。

2.2.2　算术运算符和算术表达式

1.基本的算术运算符

基本的算术运算符有五种,如表 2-3 所示。

表 2-3　五种基本算术运算符

算术运算符	算术运算符解释	备注
＋	加法运算符,如 3＋6	双目运算符
	正值运算符,如＋2	单目运算符

续表

算术运算符	算术运算符解释	备注
—	减法运算符,如 $6-3$	双目运算符
	负值运算符,如 -2	单目运算符
*	乘法运算符,如 $3*6$	双目运算符
/	除法运算符,如 $6/3$	双目运算符
％	求余运算符(或称模运算符),如 $7\%4$,两侧均应为整数	双目运算符

其中,前4种用于所有数据类型,最后一种只用于整型、长整型和字符型数据。另外需注意:

(1)对于运算符"*""/",只有在两侧操作数都是整型时,所得结果才是整型。

(2)对于运算符"％",它的两侧必须都是整型操作数。若不是整型数必须将操作数强制转换成整型再进行求余运算,否则将出现编译错误。

(3)若操作数中有负值,则求余的原则为:先取绝对值求余数,余数取与被除数相同的符号。例如:$-10\%3$ 的结果为 -1;$10\%-3$ 的结果为1,即采取"向零取整"的方法。

2.算术运算符的优先级、结合性和算术表达式

算术表达式是指用算术运算符和括号将运算对象(也称操作数,如常量、变量、函数等)连接起来、符合C语法规则的表达式。如:

$a*b/c-1.5+$ 'a'

算术运算符的优先级:先乘除、后加减;括号优先。

运算符的结合性是指运算对象两侧的运算符优先级相同时,运算符的结合方向(左、右)。C语言规定了不同运算符可能有不同的结合性。

左结合性:结合方向为从左至右(先左后右,简称左结合)。算术运算符为左结合。

例如:$a-b+c$

由于算术运算符为左结合,故先执行 $a-b$,再执行加 c 的运算。

右结合性:结合方向为从右至左(先右后左,简称右结合)。赋值运算符"＝"和后面将学习的自增运算符和自减运算符都是右结合。

例如:$a=b+c$

由于赋值运算符＝为右结合,先执行右边的 $b+c$,再赋值给 a。

3.自增运算符和自减运算符

自增运算符(＋＋)和自减运算符(－－)都是单目运算符,其作用是使单个变量的值增或减1。自增与自减运算符种类都有前置和后置两种,分别表示如下:

前置自增++i,先执行 i+1,再使用 i 值;

后置自增 i++,先使用 i 值,再执行 i+1。

前置自减--i,先执行 i-1,再使用 i 值;

后置自减 i--,先使用 i 值,再执行 i-1。

【例 2-9】　自增自减运算符示例。

源程序:

```
#include<stdio.h>
void main( )
{
    int a=4,b=8,i,j;
    i=a++;
    printf("%d,%d\n",i,a);
    j=++a;
    printf("%d,%d\n",j,a);
    i=b--;
    printf("%d,%d\n",i,b);
    j=--b;
    printf("%d,%d\n",j,b);
}
```

运行结果:

```
"C:\Documents and Settings\Administrator\Debug\2-09.exe"
4,5
6,6
8,7
6,6
Press any key to continue
```

结果分析:

执行语句 i=a++;后,是先使用 a 的值再执行 a=a+1,结果输出 i 的值是 4,a 的值是 5。执行语句 j=++a;后,是先执行 a=a+1 得到 a 的值是 6,然后执行 j=a,结果输出 j 的值是 6,a 的值是 6。执行语句 i=b--;后,是先使用 b 的值再执行 b=b-1,结果输出 i 的值是 8,b 的值是 7。执行语句 j=--b;后,是先执行 b=b-1 得到 b 的值是 6,然后执行 j=b,结果输出 j 的值是 6,b 的值是 6。

说明:

(1)自增运算符(++)、自减运算符(--),只能用于变量,不能用于常量和表达式。例如,5++、--(a+b)等都是非法的。因为 5 是常量,常量的值不能改变。(a+b)++也不可能实现,假如 a+b 的值为 5,那么自增后得到的 6 放在什么地方呢? 无变量可供存放。

(2)++和——的结合方向是"自右至左",其优先级高于算术运算符。例如, i＝3,—i++相当于—(i++),因此表达式的值为—3,i＝4。

(3)自增运算符、自减运算符,常用于循环语句中,使循环控制变量加(或减) 1,以及指针变量中,使指针指向下(或上)一个地址。

2.2.3 关系运算符和关系表达式

1.关系运算符及其优先次序

所谓"关系运算"实际上就是"比较运算",即将两个数据进行比较,判定两个 数据是否符合给定的关系,它是一个逻辑值,而不是普通的数值。例如,"a＞b" 中的"＞"表示一个大于关系运算。如果 a 的值是 3,b 的值是 2,则大于关系运算 "＞"的值是"真",即条件满足;如果 a 的值是 2,b 的值是 3,则大于关系运算"＞" 的值为"假",即条件不满足。

C语言提供 6 种关系运算符:

＜	(小于)
＜＝	(小于或等于)
＞	(大于)
＞＝	(大于或等于)
＝＝	(等于)
！＝	(不等于)

注意:C语言中"等于"关系运算符是双等号"＝＝",而不是单等号"＝"(赋值 运算符)。特别注意关系运算符的写法。

关系运算符的优先级:

(1)前 4 个关系运算符优先级相同,后 2 个相同,且前 4 个高于后 2 个。

(2)与其他种类运算符混合在一起运算时,关系运算符的优先级低于算术运 算符,但高于赋值运算符。

例如:

a＞b！＝c	等效于	(a＞b)！＝c
a＞b+c	等效于	a＞(b+c)
a＝b＜＝c	等效于	a＝(b＜＝c)

2.关系表达式

关系表达式是指,用关系运算符将两个表达式连接起来进行关系运算的式 子。表达式中可以包含算术运算符、逻辑运算符、赋值运算符等。例如,下面表达 式都是合法的关系表达式:

a>b,a+b>c==d,(a=3)<=(b=5),'a'>='b',(a>b)! =(b>c), a&&b<c。

由于 C 语言没有逻辑型数据(用 true 和 false 分别表示真和假),因此关系运算的结果如果为"逻辑真",就用整数"1"表示,如果其运算结果为"逻辑假",就用整数"0"表示。例如,假设 num1=1,num2=2,num3=3,则有:

(1)关系表达式"num1>num2"的值为假,用"0"表示。

(2)关系表达式 num1<num2! =num3 在执行计算时,先计算 num1<num2,值为真,用"1"表示,然后计算 1! =num3,值为真,结果用"1"表示。

(3)关系表达式 f=num1<num2>num3 在执行计算时,先计算 num1<num2,值为真,用"1"表示,然后计算 1>num3,值为假,用"0"表示。最后将值 0 赋给变量 f。

(4)关系表达式 num1<num2+num3 在执行计算时,先计算算术运算 num2+num3,值为 5,然后计算 num1<5,值为真,用"1"表示。

【例 2-10】 关系运算符示例。

源程序:

```
#include<stdio. h>
void main( )
{
  int num1=1,num2=2,num3=3,f;
  f=num1<num2>num3;
  printf("  %d \n",f);
  printf("  %d,%d \n", (num1<num2)+num3,num1<num2+num3);
}
```

运行结果:

```
"C:\Documents and Settings\Administrator\Debug\2-10.exe"
0
4,1
Press any key to continue
```

结果分析:

程序中定义 4 个变量 num1=1,num2=2,num3=3,f,其中 f 存放的是一个关系表达式传递的值。"<"和">"的优先级是一样的,自左向右执行 num1<num2,结果为 1,1>num3,结果为 0,故 f 中存放的值为 0。在第 2 个输出语句中,执行(num1<num2)+num3,num1<num2 的值为 1,再+num3,结果为 4。而执行 num1<num2+num3 时,先执行 num2+num3,结果为 5,num1<5 为真,值为 1。

2.2.4 逻辑运算符和逻辑表达式

1. 逻辑运算符及其优先次序

关系表达式主要描述单一条件,例如,"x>=0"。如果需要描述"0<=x<10"的复合条件时,就要借助于逻辑表达式。C语言提供3种逻辑运算符:

&&   逻辑与(相当于"并且")

|| 逻辑或(相当于"或者")

!   逻辑非(相当于"否定")

例如,下面的表达式都是逻辑表达式:

(x>=0)&&(x<10),(x<1)||(x>5),!(x==0),

(year%4==0)&&(year%100!=0)||(year%400==0)

由上面的逻辑运算符可以看出,"&&"和"||"是双目运算符,它的两侧可以是一个操作数或者其他形式的运算式。逻辑运算符"!"和算术运算符号"+""-"是单目运算符,它的右侧只有一个操作数。对于只有一个逻辑运算符号的表达式运算规则如下:

&&:当且仅当两个运算量的值都为"真"时,运算结果才为"真",否则为"假"。

   0&&0=0

   0&&1=0

   1&&0=0

   1&&1=1

||:当且仅当两个运算量的值都为"假"时,运算结果才为"假",否则为"真"。

   0||0=0

   0||1=1

   1||0=1

   1||1=1

!:当运算量的值为"真"时,运算结果为"假";当运算量的值为"假"时,运算结果为"真"。

   !0=1

   !1=0

逻辑运算真值表如表2-4所示。

表 2-4 逻辑运算真值表

a	b	! a	a&&b	a‖b
真	真	假	真	真
真	假	假	假	真
假	真	真	假	真
假	假	真	假	假

例如,假定 x=3,则(x>=0)&&(x<5)的值为"真",(x<-1)‖(x>5)的值为"假"。

当逻辑表达式中包含多个逻辑运算符时,运算优先级别如下:

① 逻辑非的优先级最高,逻辑与次之,逻辑或最低,即:

! (非) → &&(与)→ ‖(或)。

② 与其他种类运算符的优先关系:

! → 算术运算符 → 关系运算符 → &&→ ‖ → 赋值运算符。

2.逻辑表达式

逻辑表达式是指用一个或若干个逻辑运算符将一个或多个表达式连接起来,进行逻辑运算的式子。在 C 语言中,用逻辑表达式表示多个条件的组合。

例如,(year%4==0)&&(year%100! =0)‖(year%400==0)就是一个判断一个年份是否是闰年的逻辑表达式。

逻辑表达式的值也是一个逻辑值(非"真"即"假")。在逻辑运算中,C 语言用整数"1"表示"逻辑真",用"0"表示"逻辑假"。但在判断一个数据的"真"或"假"时,却以 0 和非 0 为根据:如果为 0,则判定为"逻辑假";如果为非 0,则判定为"逻辑真"。

例如,假设 num=5,则:!num 的值为 0,num>=1 && num<=31 的值为 1。

注意:

(1)逻辑运算符两侧的操作数,可以是 0 和非 0 的整数,也可以是其他任何类型的数据,如实型、字符型等。如:'a'&&'b'的值为 1,在执行运算过程中,'a'和'b'的 ASCII 码值是大于零的整数,按"真值"处理,因此 1&&1 的值为 1。

(2)在计算逻辑表达式时,只有在必须执行下一个表达式才能求解时,才求解该表达式(即并不是所有的表达式都被求解)。换句话说,对于逻辑与运算,如果第一个操作数被判定为"假",系统就不再判定或求解第二个操作数。对于逻辑或运算,如果第一个操作数被判定为"真",系统就不再判定或求解第二个操作数。

【例 2-11】 逻辑运算符示例。

源程序:

```
#include<stdio.h>
void main( )
{
    int x, y, z;
    x=y=z=1;
    ++x||++y&&++z;
    printf("x=%d ,y=%d ,z=%d,\n", x, y, z);
    x=y=z=1;
    ++x&&++y||++z;
    printf("x=%d ,y=%d ,z=%d,\n", x, y, z);
    x=y=z=1;
    ++x&&++y&&++z;
    printf("x=%d ,y=%d ,z=%d,\n", x, y, z);
}
```

运行结果:

```
"D:\Program Files\Microsoft Visual Studio\MyProjects\ABC\Debug\ABC_1...
x=2 ,y=1 ,z=1,
x=2 ,y=2 ,z=1,
x=2 ,y=2 ,z=2,
Press any key to continue
```

结果分析:

程序中使用三个整型变量 x、y 和 z,初值均为 1。执行语句++x||++y&&++z;时,表达式++x 是先自增 1 然后再使用,值为真后再执行逻辑或运算。对于逻辑或运算,只要表达式中有一个为真值,那么整个表达式的值为真。因此该表达式后面的语句++y&&++z 就不需要再执行了。因此输出 x=2,y=1, z=1。执行语句++x&&++y||++z;时,++x&&++y 的值为真,那么后面的表达式||++z 就不需要再执行,因此输出 x=2, y=2, z=1。执行++x&&++y||++z;语句时,x、y 和 z 先后自增 1 后再使用,值均为真,整个表达式的值为真,因此输出 x=2, y=2, z=2。

例如,假设 n1、n2、n3、n4、x、y 的值分别为 1、2、3、4、1、1,则求解表达式"(x=n1>n2)&&(y=n3>n4)"后,x 的值变为 0,而 y 的值不变,仍为 1,且表达式的值为 0。

思考:a<b<c 与 a<b && b<c 有何区别?

2.2.5　条件运算符和条件表达式

条件运算符是 C 语言中唯一的三元运算符。含有条件运算符"?:"的表达式称为条件表达式,它有三个操作对象。

格式:表达式 1? 表达式 2:表达式 3

运算规则:当表达式 1 为真时,整个表达式的值为表达式 2 的值;当表达式 1 为假时,整个表达式的值为表达式 3 的值。

例如:当 a＝3,b＝2 时,执行表达式 a＞b? a:b 后,条件表达式的值为 3。

结合方向:自右至左。

例如:a＞b? a:c＞d? c:d 等价于 a＞b? a:(c＞d? c:d)。

注意:

(1)条件表达式的功能相当于条件语句,但不能取代一般的 if 语句。仅当 if 语句中内嵌的语句为赋值语句时,条件表达式才能取代 if 语句。

(2)表达式 1、表达式 2、表达式 3 类型可不同,此时条件表达式的值取精度较高的类型。例如:

a＞b? 2:5.5

表示:若 a＞b,则条件表达式的值为 2.0(而不是 2);如果 a＜b,则条件表达式的值为 5.5。原因是 5.5 为浮点型,比整型精度高,条件表达式的值应取精度较高的类型。

(3)条件运算符的优先级高于赋值运算符,但低于关系运算符和算术运算符,其结合性为"从右到左"(即右结合性)。例如:

max＝(a＞b)? a:b　等价于　max＝a＞b? a:b

a＞b? a:b+1　　　等价于　a＞b? a:(b+1)

【例 2-12】　从键盘上输入一个字符,如果它是大写字母,就把它转换成小写字母输出;如果它不是大写字母,则直接输出。

源程序:

```
#include <stdio.h>
void main( )
{
   char ch;
   printf("please enter a character:ch＝");    /＊提示输入信息＊/
   scanf("%c",&ch);
   ch＝(ch>='A' && ch<='Z')? (ch＋32):ch;
   printf("ch＝%c\n",ch);
}
```

运行结果：

结果分析：

程序中使用了三目运算符"ch=(ch>='A' && ch<='Z')? (ch+32)：ch;"，当输入的值为字符 R 时，由于 R 满足条件 ch>='A' && ch<='Z'，因此执行语句 ch+32，得到小写字母 r 的 ASCII 码值，以%c 输出与该 ASCII 码值对应的字符。

2.2.6 逗号运算符和逗号表达式

在 C 语言中，逗号"，"可以作为一种特殊的运算符来使用。用逗号运算符连接的表达式，称为逗号表达。例如：2+3，2*3。

一般格式：表达式 1，表达式 2

扩展形式：<表达式 1>，<表达式 2>，…，<表达式 n>

结合性：从左向右

逗号表达式的值：等于最后一个表达式 n 的值

逗号表达式的求解过程是：从左向右先求解表达式 1，再求解表达式 2，依此类推，最后求解表达式 n，整个逗号表达式的值是表达式 n 的值。

(1)逗号运算符在所有运算符中级别最低。例如：a=3*5，a*4，应该先求 a=3*5，结果 a=15，然后再求 a*4，使得逗号表达式值为 60，但是 a 的值依然是 15。

(2)表达式可以嵌套，即表达式 1 和表达式 2 都可以是逗号表达式。例如：(x=2*5，x-3)，x*4。先求出 x=10，再进行 x-3 运算，得到 7，最后进行 x*4 运算，此时的 x 值仍然是 10，最后逗号表达式的值就是 x*4 的值 40。

(3)并不是任何地方出现的逗号都是作为逗号运算符。例如函数参数也是用逗号来间隔的。例如：

```
printf("%d,%d,%d", a,b,c);
```

上一行中的"a，b，c"并不是一个逗号表达式，它是 printf( )函数的三个参数，参数间用逗号间隔。

2.3　数据的输入和输出

所谓数据的输入和输出是以计算机为主体而言的。在 C 语言中,不提供输入/输出语句,输入和输出的操作是由库函数来实现的。在 C 标准函数库中提供了一些输入/输出函数,例如:printf()函数和 scanf()函数。printf、scanf 不是 C 语言的关键字,只是函数名。C 语言提供的函数程序代码被保存在库文件(.obj 或.lib)中,它们不是 C 编译器负责编译的 C 语言成分。因此,在使用 C 语言中标准 I/O 库函数时,要用预编译命令"♯include"将有关"头文件"包括到源文件中。使用标准输入输出库函数时要用到"stdio.h"文件,因此源文件开头应有以下预编译命令:

　　♯include <stdio.h>或

　　♯include "stdio.h"

2.3.1　printf()函数

前面章节中的例题多次用到 printf()函数,它主要是用于向终端(输出设备)输出若干个任意类型的数据。

1. printf()函数的一般格式

printf("格式控制",输出表列);

例如:printf("i 和 c 的值分别是%d,%c\n",i,c);

格式控制部分是由""括起来的字符串,由"格式说明"和"普通字符"组成。"格式说明"的作用是将输出的数据转换为指定的格式输出,格式说明符是由"%"和格式字符组成。如%d,%c 等,输出表列中每一项对应一个格式说明符,按照格式说明符对应的格式输出。"普通字符"原样输出,例如上例中"i 和 c 的值分别是%d,%c\n"的"i 和 c 的值分别是"及","都是普通字符。

输出表列指需要输出的一些数据,可以是变量、表达式等。

2. 格式说明符

格式控制(转换控制字符串)部分是用双引号括起来的字符串,主要包括 3 种信息:格式说明符、转义字符和普通字符。格式说明符主要有 d、o、x、u、c、s、f、e、g 等 9 种。

(1)d 格式符,用来输出带符号的十进制整数。d 格式等有 4 种用法:

①%d:按整型数据的实际长度输出。

②%md:按指定的长度输出,如果数据位数小于 m,则左端补以空格,若大于m,则按实际位数输出。

③%-md:按指定的长度输出,如果数据位数小于 m,则右端补以空格,若大于

m,则按实际位数输出。

④%ld：输出长整型数据，也可使用%mld 指定长整型输出宽度。注意：对于长整型数据输出应该采用%ld 格式，如果采用%d 输出，则会出错。

【例 2-13】 格式说明符使用示例 1。

源程序：

```
#include <stdio.h>
void main( )
{
    int a=58,b=1580;
    long c=123456;
    printf("0123456789\n");
    printf("%d\n%3d\n%-3d\n%3d\n",a,a,a,b);
    printf("%ld\n%8ld\n%-8ld\n",c,c,c);
}
```

运行结果：

```
 "C:\Documents and Settings\Administrator\Debug\2-13.exe"
0123456789
58
 58
58
1580
123456
   123456
123456
Press any key to continue
```

(2)o 格式符，以八进制形式输出整数，是一种无符号数。可以使用"%lo"输出长整型，也可以使用"%mo"进行定长输出。

(3)x 格式符，以十六进制形式输出整数，是一种无符号数。可以使用"%lx"输出长整型，使用"%mx"进行定长输出。

(4)u 格式符，输出 unsigned 数据，即无符号数，以十进制形式输出。一个 int型数据可以用%u 格式输出；反之，一个 unsigned 型数据也可以用%d 格式输出。采用哪种形式取决于内存中实际存储形式相互赋值。

【例 2-14】 格式说明符使用示例 2。

源程序：

```
#include <stdio.h>
void main( )
{
  unsigned a1=65535,b1=65534;
  int a2=-1,b2=-2;
  printf("十进制        八进制        十六进制        无符号十进制\n");
  printf("a1=%d\t%o\t\t%x\t\t%u\n",a1,a1,a1,a1);
  printf("a2=%d\t\t%o\t%x\t\t%u\n",a2,a2,a2,a2);
  printf("b1=%d\t%o\t\t%x\t\t%u\n",b1,b1,b1,b1);
  printf("b2=%d\t\t%o\t%x\t\t%u\n",b2,b2,b2,b2);
}
```

运行结果：

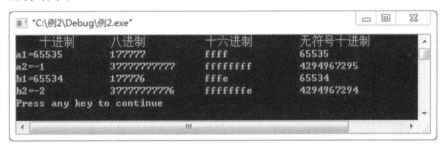

结果分析：

以前 C 语言运行在 Turbo C 的系统环境，结果将与 Visual C++6.0 中运行的结果不同。65535 是以二进制形式 $(1111111111111111)_2$ 存放在内存中；它的八进制是 177777；十六进制是 ffff。在变量 a2 中 -1 在内存中以补码形式存放的，其补码的二进制形式为 $(11111111111111111111111111111111)_2$，它的最高位为符号位 1，表示负数；它的八进制是 37777777777；十六进制是 ffffffff；无符号的十进制是 4294967295。65534 和 -2 也是按同样的道理输出的。

（5）c 格式符，用于输出一个字符。整数也可以用字符形式输出；反之，字符数据也可以用整数形式输出。可以用"%mc"指定字符输出的宽度，原理同前。例如：

```
int i=321;
printf("%c,%d.\n",i,i);
```

输出结果为：

A,321

之所以输出字符为'A'，是因为字符为无符号整数，仅能表达 0～255 的整数，而模为 256，故而 321%256=65 为字符'A'的 ASCII 码。

（6）s 格式符，用于输出一个字符串。S 格式符有 5 种用法：

①%s:例如:

printf("%s","CHINA");

输出结果为:

CHINA

②%ms:指定输出字符串的宽度。若字符串本身长度大于m,则突破限制;若串长小于m,则左补空格。

③%－ms:在m列范围内,字符串向左靠,右补空格。

④%m.ns:输出占m列,但只取待输出字符串中左端n个字符。这n个字符输出在m列的右侧,左补空格。

⑤%－m.ns:含义同上,只是n个字符靠左对齐,右补空格。

如果n>m,则m自动取n值,即保证n个字符正常输出。

例如:

printf("%3s,%7.2s,%.4s,%－5.3s\n","CHINA","CHINA","CHINA","CHINA");

结果:

CHINA,⊔⊔⊔⊔⊔CH,CHIN,CHI⊔⊔

注意:%.4s中只给出了n,没给m,自动使m＝n＝4。

(7)f格式符,以小数形式输出实数(包括单双精度),其用法如下:

①%f:不指定输出宽度。整数部分全部输出,小数部分占6位。注意:输出的数字并非全部是有效数字。单、双精度实数的有效数字分别为7、16位。

②%m.nf:输出的总长度为m列,且包含1位小数点及n位小数。当数据位数小于m时,左补空格。当数据位数多于m时,则整数部分按实际长度输出,小数部分按指定长度n输出。当没有指定小数部分位数n时,小数部分默认为6位。

③%－m.nf:含义同上,只是输出数值靠左对齐,当数据位数小于m时,右补空格。

(8)e格式符,以指数形式输出实数。叫用以下形式:

①%e:系统自动指定小数位数为5位,指数部分为4位(如e+02),数值按规范化指数形式输出(即小数点前必须有且只有1位非零数字),因此%e输出正实数时,总位数为11位(含小数点1位及整数1位),输出负实数时,总位数为12位(多出1位符号位)。

例如,printf("%e%e",123.96,－123.95452166);

输出结果:1.23960e+02   －1.23955e+02

②%m.ne及%－m.ne:m、n及"－"的含义与前相同。此处的n是指数形式中的尾数位数且含小数点1位。

（9）g 格式符，用来输出实数。根据数值的大小，自动选 f 格式或 e 格式，选择两者中占位较少的一种，且不输出无意义的 0。此格式使用较少。

【例 2-15】　格式说明符使用示例 3。

源程序：

```
#include <stdio.h>
void main( )
{
    float x,y,f;
    double a,b;
    x=123456.1234;y=654321.3217;
    a=1234401190110.123456789;
    b=7531031008655.23456321;
    f=x+y;
    printf("%f,%e\n",f,f);
    printf("%10.2f\n%-10.2f\n%.3f\n%2.1f\n",f,f,f,f,f);
    printf("%15e\n%10.2e\n%-10.2e\n%.2e\n%7.1e\n",f,f,f,f,f);
    printf("%f\n",a+b);
}
```

运行结果：

```
 "D:\Program Files\Microsoft Visual Studio\MyProjects\ABC\Debug\ABC_1...
777777.437500,7.777774e+005
777777.44
777777.44
777777.438
777777.4
  7.777774e+005
 7.78e+005
7.78e+005
7.78e+005
7.8e+005
8765432198765.357400
Press any key to continue
```

结果分析：

由于单精度数前 7 位有效，双精度数前 16 位有效，小数部分均占 6 位，所以上述结果中超出有效位数的小数部分均存在无效数字，如最后一个小数部分的.357400 中的 7400 是无意义的。

以上介绍的 printf 函数的格式字符,归纳如表 2-5 所示。

表 2-5 printf 函数的格式字符

格式字符	说明
d,i	输出带符号的十进制整数(正数不带符号)
u	输出无符号的十进制整数
o	输出无符号的八进制整数(不输出前缀 0)
x,X	输出无符号的十六进制整数(不输出前缀 0x),用 x 时输出十六进制数,a～f 以小写形式输出,用 X 时,以大写形式输出
c	以字符形式输出单个字符
s	输出字符串。与其对应的输出项应为以'\0'结尾的字符数组名、字符串常量或指向字符串的指针变量名
f	以小数形式输出单、双精度实数,隐含输出 6 位小数
e,E	以规范化指数形式输出单、双精度实数。用 e 时,指数以"e"表示(如 1.2e+02),用 E 时,指数以"E"表示(如 1.2E+02)
g,G	选用%f 或%e 格式中输出宽度较短的一种,不输出无意义的 0。用 G 时,若以指数形式输出,则指数以大写表示
p	输出变量或数组的地址

在格式说明中,在%和上述格式字符间可以插入以下几种附加符号(或称格式修饰字符),如表 2-6 所示。

表 2-6　printf 函数的格式修饰字符

字符	说明
字母 l	输出长整型数据(可用%ld,%lu,%lo,%lx)以及 double 型数据(用%lf 或%le)
m(一个正整数)	指定输出数据的最小宽度。当实际数据宽度>m 时,以实际宽度为准
n(一个正整数)	对实数,表示输出 n 位小数;对字符串,表示截取的字符个数
−	输出的数字或字符在域内向左靠
+	输出的结果总是带有"+"号或"−"号
0	当域宽 m>实际数据长度时,不足数位以 0 补足

注意:修饰符可以多个一起使用。

例如:printf("%+08d\n",2346);

输出结果为:+0002346。

可见,三个修饰符"＋、0、8(域宽)"一起使用,使输出数据带有＋号,且总宽度为 8,不足数位补 0。

2.3.2　scanf( )函数

scanf( )函数称作格式输入函数,是一个标准库函数,其作用是用户按指定的格式从键盘输入一定类型的数据到指定的变量存储单元之中。使用时需要预编译头文件＃include＜stdio. h＞。

1. scanf ( ) 函数的一般形式

scanf("格式控制",地址表列);

格式控制:用于控制输入数据的类型、个数、间隔符等,是由" "括起来的字符串,由"格式说明"和"普通字符"组成。"格式说明"的作用是将输入的数据转换为指定的格式输入,总是由"％"字符开始,并由％及格式字符组成,例如％d、％f 等。而"普通字符"则必须原样输入,例如在 scanf("a＝％d",&a);语句中,"a＝％d"为格式控制,其中的"a＝"为普通字符,在从键盘输入数据时必须原样输入。

地址表列:由若干个地址组成的表列,可以是变量的地址,或字符串的首地址。例如"scanf("％d％d％d",&a,&b,&c);",其中 & 为取地址运算符,&a 是指取出变量 a 在内存中的地址,该地址将作为从键盘输入数据存放的内存地址。而变量 a、b、c 的地址是在编译连接阶段分配的。如上例所示格式说明之间没有普通字符隔开,那么在运行界面中输入的数据之间可以用空格分隔,也可以用回车键(Enter)或跳格键 tab。输入形式如下:

①3　　4　　5↵

②3↵

　　4　　5↵

③3(按 tab 键) 4↵

　　5↵

以上三种输入方式均是正确的。但是 3,4,5↵ 方式不允许。输入数据时,不能加入多余的普通字符。如果上面的语句改为 scanf("％d ,％d ,％d",&a,&b,&c);则输入数据时,必须采用加入","的方式,即只有 3,4,5↵ 的方式才是被允许的正确输入方式。

2. 格式符使用说明

格式符以％开头,以一个格式字符结束,中间可以插入格式修饰字符,如 l、h、＊等。格式字符如表 2-7 所示,格式修饰字符如表 2-8 所示。

表 2-7　scanf 函数的格式字符

格式字符	说明
d,i	用来输入有符号的十进制整数
u	用来输入无符号的十进制整数
o	用来输入无符号的八进制整数。键入数据时不能出现 8 及以上数字，否则会出错。键入的数据可不必加前缀 0
x,X	用来输入无符号的十六进制整数（大小写作用相同），键入的数据可不必加前缀 0x。
c	用来输入单个字符
s	用来输入字符串，将字符串送到一个字符数组中，在输入时以非空格字符开始，以第一个空格字符结束。字符串末尾自动添加'\0'作为字符串结束标志
f	用来输入实数，可以用小数形式或指数形式输入
e,E,g,G	与 f 作用相同，e 与 f,g 可以互相替换（大小写作用相同）

表 2-8　scanf 函数的格式修饰字符

字符	说明
l	用于输入长整型数据（可用%ld,%lo,%lx）以及 double 型数据（用%lf 或%le）
h	用于输入短整型数据（可用%hd,%ho,%hx）
域宽	指定输入数据所占宽度（列数），系统自动截取所需数据。域宽应为正整数
*	表示本输入项在读入后不赋给相应的变量，即跳过该输入值。可称禁止赋值符

说明：

（1）对 unsigned 型变量所需数据，可用%u（无符号十进制）、%d（有符号十进制）、%o（八进制）、%x（十六进制）格式输入。

（2）可指定输入数据所占列数，系统自动按它截取所需数据。例如：

scanf("%3d%3u",&a,&b);

输入 123456，则 123 赋值给 a，456 赋值给 b。

此方法也可用于字符型：

scanf ("%3c",& ch);

输入 abc，由于字符型变量 ch 只能容纳一个字符，系统把第 1 个字符'a'赋给 ch。

（3）如果使用禁止赋值符"*"，则表示跳过它指定的列数。例如：

scanf("%2d %*3d %2d",&a,&b);

输入信息

123456789↵

则 12 赋值给 a，%*3d 表示读入 3 位整数但不赋给任何变量，也即跳过 345 不用，67 赋值给 b。

（4）输入实数不能指定精度，在 f 前不能对输入数据进行精度限制。例如：

"scanf("%7.2f",&a);"是不合法的。

(5)输入字符串时只能用%s,输入字符串用数组存 7 放,输入结束标志是空格符。例如:

char a[20],b;

scanf("%s　%c",a,&b);

若使字符数组 a 存放字符串"abcd",字符变量 b 存放'A',则键入内容为:

abcd　A←┘

字符串与字符之间有一个空格表示字符串输入结束,并且在 scanf 中的"%s%c"之间也要有空格。

3. 使用 scanf 函数时应注意的问题

(1)scanf 函数"地址列表"中变量名前的 &(取地址运算符)不能丢。例如:"scanf("%d,%f",a,f);"中变量 a,f 前未加 &,所以会出错。

(2)若"格式控制"字符串中除了格式说明以外,还有其他普通字符,则在输入数据时应对应输入与这些字符相同的字符,不能用空格来代替。

例如:scanf("%d , %d",&a,&b);

应输入:3,4←┘

(3)用"%c"格式输入字符时,空格、回车、tab 等字符以及"转义字符"都作为有效字符输入。

例如:scanf("%c%c%c",&c1,&c2,&c3);

用户输入:a←┘b　c←┘

系统自动将'a'字符送入 c1 中,回车符'←┘'送入 c2 中,'b'则送入 c3,后面的空格和 c 字符就没有意义了。注意%c 只能接收一个字符,所以%c%c 之间无需空格。

(4)在输入数据时,遇以下情况时认为一个数据输入结束。

① 遇空格,按"回车"或"跳格"(Tab)键。

② 按指定的宽度结束,如"%3d",只取 3 列。

③ 遇非法输入。

例如:scanf("%d%c%f",&a,&b,&c);

输入:1234a456O.26←┘　　(注意输入的各种类型数据之间无需空格)

因为 1234 之后为一个字符 a,所以 1234 遇非法输入 a 时会自动停止赋值。同理,因为 456 后为字母 O,认为遇非法输入,所以 O 后的小数省略。

故而,上述操作结果为:1234 赋值给 a,'a'字符赋值给 b,456 赋值给 c。

因此,"printf("%d %c %f\n",a,b,c);"的执行结果为:

1234　a　456.000000。

2.3.3 getchar( )函数与 putchar( )函数

getchar( )函数与 putchar( )函数是两个标准的库函数,在使用时,源程序首行要有预编译命令: ＃include ＜stdio. h＞。

1. getchar( )函数(字符格式输入函数)

该函数作用是从标准的输入设备(如键盘)输入一个字符,函数值可以存放在字符型或者整型变量中。该函数无参数,其一般格式为:

变量＝getchar( );

例如:

char ch;

ch＝getchar( );

2. putchar( )函数(字符输出函数)

该函数作用是向终端设备输出一个字符,该字符存放在 putchar( )函数的参数中,参数可以是字符型常量、变量或整型变量。输出内容可以是字符或转义字符。其一般格式为:

putchar(ch);

例如:

char ch;

ch＝'a';

putchar(A);

putchar('\n');

putchar('\101');

【例 2-16】 字符输入输出函数使用示例。

源程序:

```
＃include ＜stdio. h＞
void main( )
{
  int a;
  printf("please input a character :");
  a＝getchar( );
  putchar(a);
  putchar('\n');
  printf("a 中的字符是％c,其 ASCII 码值是％d\n",a,a);
}
```

运行结果：

结果分析：

该程序中使用了函数 putchar( )和 printf( )分别输出变量 a 中的值。putchar(a)是将变量 a 中的值以字符形式输出，函数 printf( )中使用格式控制符可以将变量 a 中的值以整型和字符型两种形式输出，以整型形式输出的是该字符的 ASCII 码值。

2.4　顺序结构程序设计综合实例

通过上面章节的理论学习和实例演示，我们应该对 C 语言程序设计有一个大体的了解。顺序程序结构中的所有语句都是自上而下的顺序执行，不会发生流程的跳转。下面介绍几个顺序结构程序的综合实例。

【例 2-17】　输入一个三角形的两条边和对应的角，然后输出另一条边和角的大小，同时输出三角形的面积。

源程序：

```c
#include <stdio.h>
#include <math.h>
#define PI 3.14
void main( )
{
    float a,b,c,A,B,C,s;
    printf("输入三角形的两条边 a,b(单位 cm)以及两边所对的角度 A,B(单位度):\n");
    scanf("a=%f,b=%f,A=%f,B=%f",&a,&b,&A,&B);
    C=(180-A-B)/180 * PI;
    c=sqrt(a * a+b * b-2 * a * b * cos(C));
    s=1.0/2 * a * b * sin(C);
    printf("输出结果:\n 第三个角是%3.1f 度\n 第三条边是%3.1fcm\n 三角形
    面积是%3.1fcm^2\n",C * 180/PI,c,s);
}
```

运行结果：

结果分析：

(1)该程序是利用余弦定理 $c^2=a^2+b^2-2\times a\times b\times \cos\angle C$ 和正弦定理 $s=\dfrac{1}{2}ab\sin\angle C$ 来求解三角形的另一条边和面积。数学公式可用 C 语言表达式来表示：$c=\mathrm{sqrt}(a*a+b*b-2*a*b*\cos(C))$ 和 $s=1.0/2*a*b*\sin(C)$。

(2)程序中使用了标准的输入输出函数以及数学函数 sqrt()、sin()和 cos()，因此要在程序首行添加预编译命令 #include <stdio. h> 和 #include <math. h>，把这两个头文件放到源程序中来。注意这里的正弦和余弦函数的参数是弧度值。

【**例 2-18**】 输入一个三位数，输出这个三位数各个位上面的数字之和。然后交换个位和百位数字，再输出交换后的三位数。

源程序：

```
#include <stdio. h>
void main( )
{
  int n,a,b,c,sum,t;
  printf("please input n:");
  scanf("%d",&n);
  a=n/100;                 /* 求百位数字 */
  b=n%100/10;             /* 求十位数字也可以 b=(n-a*100)/10; */
  c=n%10;                  /* 求个位数字 */
  sum=a+b+c;
  t=a;
  a=c;
  c=t;                     /* 三条语句实现百位和个位数字的交换 */
  printf("n=%d 时,各个位上的数字之和是%d。\n",n,sum);
  printf("百位与个位交换后得到的三位数是%d。\n",100*a+10*b+c);
}
```

运行结果:

结果分析:

(1)该程序使用的三个变量 a、b、c 分别存放此三位数的百位、十位和个位数字。程序中给出了两种求解十位数字的方法。

(2)交换两个变量的值时,使用了临时存储的变量 t。语句"t＝a;"是将变量 a 的值存放在 t 中,语句"c＝t;"是将存放在 t 中的值再存入到变量 c 中。这里不使用中间变量 t 来实现两个值交换,具体方法为:a＝a＋c;c＝a－c;a＝a－c。

小 结 2

1. C 语言的基本数据类型。整型:又称整数,指没有小数的数值。以二进制补码形式存于内存。实型:又称为浮点数,指带小数点的实数。在内存中以浮点数形式存储。字符型:包括字符常量、字符变量、字符串常量 3 种。在内存中以字符的 ASCII 码的二进制补码形式存储。注意字母的大小写意义不同。

2. 在 C 程序中,数据的表现形式有常量和变量。常量是指在程序运行中,其数值不能被改变的量,主要有整型常量、实型常量、字符常量、字符串常量。变量是以变量名标识的,在程序运行过程中值可以改变的量。它的本质是计算机内存中的某一存储空间,变量名的本质是其标识的变量存储空间的地址符号。

3. C 语言中用标识符标识一个对象(包括变量、符号常量、函数、数组、文件等),它是以字母或下划线开头,由字母、数字或下划线构成。变量名必须符合标识符的命名规则,同时要做到"见名知义"。

4. 运算符与表达式概述。

(1)运算符。运算符是表明运算操作的符号。常用的运算符有算术运算符、关系运算符、逻辑运算符、赋值运算符等。运算符的优先级是指当多个运算符出现在同一个表达式中时,各运算符所示操作的执行顺序。其结合性是指具有相同优先级的多个运算符出现在同一个表达式中时,各运算符所示操作的执行顺序。

(2)表达式。表达式是由操作数(操作对象)和运算符组成的序列。包括赋值表达式、算术表达式、逻辑表达式、关系表达式、条件表达式等。

5. 灵活使用算术运算符与算术表达式,其中,自增运算符"＋＋"、自减运算符"－－"的使用,让程序变得清晰和简练。"＋＋"和"－－"的操作数只能是 1 个变量,不能是其他任何表达式,且采用右结合性。

6.基本与复合赋值运算符的使用以及赋值表达式按右结合性进行运算。

7.逻辑运算符与逻辑表达式 C语言以数据值非0作为逻辑真,数据值为0作为逻辑假。若逻辑表达式的值为真,则用整型数1表示,若逻辑表达式的值为假则用整型数0表示。逻辑运算符有三个,包括"!""&&""‖",分别表示逻辑非、逻辑与、逻辑或3种运算;采用左结合性;优先级顺序为"!"→"&&"→"‖"。含多个相同逻辑运算符的逻辑表达式。运算时遵循"短路原则"。

8.关系运算符与关系表达式

(1)关系运算符。关系运算符包括"<""< ="">""> =""= =""! ="6个,分别用于判断小于、小于等于、大于、大于等于、等于、不等于6种关系。

①运算规则:关系成立时,关系运算的值为1;否则为0。

②采用左结合性。

③用"= ="判断两个浮点数时,一般用两个浮点操作数的差的绝对值小于一个给定的足够小的数或利用区间判断方法实现。

(2)关系表达式。关系表达式指用关系运算符将两个表达式连接起来的式子。一般形式为:

<表达式>关系运算符 <表达式>

9.条件表达式用于完成简单的双分支选择操作,采用右结合性。

10.逗号运算符","又称顺序求值运算符,用于将多个表达式连接起来并从左到右求解。采用左结合性。逗号运算符优先级最低,使用其结果时应在逗号表达式的首尾加上括号。

11.在运算中,系统自动将表达式中不同类型数据转换成同一类型的数据。其中,强制转换是指使用强制类型转换运算符对一个表达式进行的数据类型转换。用于将表达式的结果类型转换为类型说明符所指定的类型。优先级较高,若操作数含有优先级低于它的运算符的表达式,则必须将表达式用括号括起来。强制转换时系统不直接对表达式中的变量进行类型转换。

12.C语言中没有提供输入输出语句,在库函数中提供了一组输入输出函数scanf( )和 printf( )。按结构中的语句先后顺序执行就是顺序结构。

习 题 2

一、单项选择题

1.下面4个选项中,均是合法的用户标识符的选项是(　　)。

    A. 3_ban　p_o　do　　　　　　　　B. Float a * b　_ A

C. b－a　goto main　　　　　　　D. ＿ 123　temp　INT

2. 下面 4 个选项中,均是合法常量的选项是(　　　)。

    A. 160　　　　　　xffff　　　　　　011

    B. 0xcdf　　　　　018　　　　　　　0xel

    C. . 123　　　　　2. 1e＋8　　　　3. 14

    D. －0x88g　　　　2e5　　　　　　32467

3. 下面 4 个选项中,均是合法转义字符的选项是(　　　)。

    A. ′\″　　　′\\′　　　′\n′　　　B. ′\′　　　′\017′　　　″\″

    C. ′\018′　　　′\f′　　　′xab′　　　D. ′\\0′　　　′\101′　　　′x1f′

4. 下面不正确的字符串常量是(　　　)。

    A. ′abc′　　　B. ″12′12″　　　C. ″0″　　　　D. ″　″

5. 若 x＝1,y＝0,则 x－－&&.++y 的结果是(　　　)

    A. 0　　　　　　B. 1　　　　　　C. 5　　　　　　D. 无结果

6. 设 x、y、t 均为 int 型变量,则执行语句 x＝y＝3;t＝＋＋x||＋＋y;后,t 和 y 的值为(　　　)

    A. 4 和 1　　　B. 1 和 4　　　C. 1 和 3　　　D. 3 和 1

7. 为求出 s＝10! 的值,变量 s 的类型应该为(　　　)

    A. int　　　　　B. unsigned　　　C. long　　　　D. 以上均可

8. 已知数字字符 0 的 ASCII 码为十进制数 48,且 ch 为字符型,则执行语句 ch＝′0′＋′9′－′2′;后,ch 的值以%d 和 %c 形式输出,分别是(　　　)。

    A. 55 和 55　　　B. 55 和′7′　　　C. ′7′和′7′　　　D. ′7′和 55

9. 若 x、y 均为 int 型变量,则逗号表达式 x＝2,y＝5,y++,y－x 的结果为(　　　)。

    A. 4　　　　　　B. 8　　　　　　C. 6　　　　　　D. 2

10. 在 C 语言中,要求运算数必须是整型运算符的是(　　　)。

    A. /　　　　　　B. ++　　　　　C. ! ＝　　　　D. %

二、填空题

1. 在 Visual C++环境中,一个 char 型数据在内存中所占的字节数为＿＿＿＿＿＿,一个 int 型数据在内存中所占的字节数为＿＿＿＿＿＿,一个 float 型数据在内存中所占的字节数为＿＿＿＿＿＿,一个 double 型数据在内存中所占的字节数为＿＿＿＿＿＿。

2. 表达式 8.0 * (1/2)的值是＿＿＿＿＿＿。

3. 表达式 sizeof(unsigned short)的值是＿＿＿＿＿＿。

4. 若有定义:char c＝′\010′;则变量 c 中包含的字符个数为＿＿＿＿＿＿。

5. C 语言中的标识符只能由三种字符组成,它们是＿＿＿＿＿＿＿,＿＿＿＿＿＿＿

和_____。

6. 已知 x=2.5,y=4.7,a=7,则表达式 x+a%3*(int)(x+y)%2/4 的结果是_____。

7. 有以下定义,int m=5,y=2,则计算表达式 y+=y-=m*=y 后,y 的值为_____。

8. 表示关系 X<=Y<=Z 的 C 语言表达式是_____。

9. 条件"20<x<30 或 x<-100"的 C 语言表达式是_____。

10. 若 a,b,c,t 均为整型变量,则执行以下语句 a=b=c=1;t=a++&&++b||c++后,a 的值为_____,b 的值为_____,c 的值为_____,t 的值为_____。

三、阅读程序题

1. 以下程序的运行结果是_____。

```
main( )
{
    char m;
    m='b'-32;
    printf("%c%d\n",m,m);
}
```

2. 以下程序的运行结果是_____。

```
main( )
{
    int x=3,y=5;
    printf("%d,%d \n",x/y, y%x);
}
```

3. 以下程序的运行结果是_____。

```
main( )
{
    int x=6, y=3;
    printf("%d,%d\n", x++, --y);
}
```

4. 以下程序的运行结果是_____。

```
void main( )
{
    int i;
```

```
    i=8;
    printf("&d, &o, %x", i++, i++, i++);
}
```

5.以下程序的运行结果是＿＿＿＿＿＿＿＿＿＿＿。

```
main( )
{
    int a=3,b=2,c=1;
    printf("%d, %d, %d\n",a>b==c, a=b==c, a! =(b=c));
}
```

6.以下程序的运行结果是＿＿＿＿＿＿＿＿＿＿＿。

```
main( )
{
    int i, j;
    scanf("%3d%2d", &i, &j);
    printf("i=%d, j=%d\n", i, j);
}
```

四、编程题

1.从键盘上输入学生 3 门课的成绩,计算总成绩和平均成绩。

2.输入一个华氏温度(F),要求输出摄氏温度。公式为 C＝5/9(F－32),结果保留两位小数。

3.输入一个 3 位整数,编写程序分离出其个位、十位和百位数字,并分别在屏幕上输出。

 选择结构程序设计

扫一扫，获取程序代码

教学目标

◇ 熟练掌握 if 语句的 3 种形式及其使用，并理解 if 语句嵌套的二义性。

◇ 熟练掌握 switch 语句的使用方法。

◇ 了解用条件运算符实现选择的方法。

◇ 通过比较几种选择结构的实现方法，了解各种选择结构的特性。

◇ 学会选择结构程序的综合运用。

3.1 C 语言的语句

在 C 语言中，一个程序由若干函数组成，一个函数的函数体主要包括两个部分：声明部分和执行部分。执行部分是由语句组成的，用来完成一定的操作任务。诸如"int a；"之类的声明部分都不能称为语句，不会产生机器操作。

前面章节的顺序结构实例已经介绍了两种常用的 C 语言语句：表达式语句和函数调用语句。例如："x＝50；"是一个赋值语句。"printf("How do you do.")；"是一个函数调用语句。下面介绍另外三种语句：

1. 控制语句

控制语句用于完成一定的控制功能。C 语言提供了 9 种控制语句。

（1）两种条件语句，用来实现选择结构控制语句。

- if( )... else...
- switch( )...

（2）三种循环语句和两种中断语句，用来实现循环结构控制语句。

- do... while( )
- for( )...
- while( )...
- break
- continue

（3）返回和跳转控制语句。

goto，return

上述 9 种控制语句中的"( )"里是一个"判别条件","..."是一个内嵌语句。

2. 复合语句

复合语句由大括号括起来的一组语句构成,也被称为分程序。例如:

```
void main( )
{  ...
   {t=x;x=y;y=t;}                          /*复合语句*/
   ...
}
```

复合语句的性质:

(1)在语法上,复合语句和单一语句相同,即可以使用单一语句的地方,也可以使用复合语句。

(2)复合语句可以嵌套复合语句,即复合语句中也可以出现复合语句。

3. 空语句

空语句仅由一个分号构成。显然,空语句什么操作也不执行。有时用来做被转向点或循环体(此时表示循环体什么也不做)。例如:";"就是一个空语句。

C 语言允许多个语句写在一行,也可以一个语句拆开写在几行,一个语句是以";"结束的。在上一章中介绍了顺序结构实例,可以看出,在执行顺序结构程序语句的过程中不会发生流程的控制转移,但是在分支结构和循环结构的程序语句执行过程中,将会出现流程的控制转移。

3.2　实现选择结构的 if 语句及其应用

顺序结构的程序虽然能解决计算、输出等问题,但不能先做判断再选择。对于要先做条件判断再选择的问题,就要使用选择结构(或称分支结构)。选择结构的执行是依据一定的条件选择后再执行分支语句,而不是严格按照语句出现的物理顺序执行。关键在于构造合适的选择条件,根据不同的程序流程选择适当的选择语句,主要由逻辑或关系运算符来表示的。

3.2.1　if 语句的 3 种形式

用 if 语句可以构成选择结构。它根据给定的条件进行判断,以决定执行某个分支程序。if 语句主要有 3 种形式:

1. 第 1 种形式:(if 形式)

if(表达式) 语句组

功能:如果表达式的值为真,则执行其后的语句组,否则不执行该语句组。

例如：

> max＝x;
>
> if（max＜y）max＝y;

第 1 种形式的执行过程如图 3-1 所示。

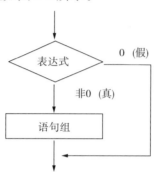

图 3-1　if语句第 1 种形式流程图

这一种形式只表示,当条件成立时执行具体的操作,而当条件不成立时,什么也不执行。通常可以解决满足一定特殊情况下,或者当时设计时没有考虑的情况下,需要执行的操作。

【例 3-1】 输入一个三位数,交换其个位和百位数字,再输出交换后的三位数。如果个位数字是 0,就不交换。

源程序:

```
#include <stdio. h>
void main( )
{
  int n,a,b,c,t;
  printf("please input n:");
  scanf("%d",&n);
  a=n/100;
  b=(n-a*100)/10;
  c=n%10;
  printf("您输入的三位数是%d\n",n);
  if(c! =0)
  { t=a; a=c; c=t;
    printf("百位与个位交换后得到的三位数是%d。\n",100*a+10*b+c);}
}
```

运行结果：

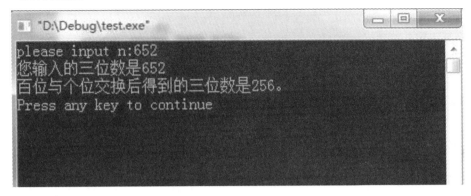

结果分析：

在顺序结构的例题中已经遇到了求三位数的个位、十位和百位数字的方法，这里不再赘述。如果这个三位数的个位数字是 0，交换后就不能成为三位数了。对于这种特殊情况的处理，可以使用分支结构，使满足个位数不是 0 的数字可以执行交换、输出。

例题仿写：

输入一个四位数，若其千位数字和个位数字相等，且百位数字和十位数字相等，则输出这个数，如 1221。

2. 第 2 种形式：（if-else 形式）

if（表达式）

　　语句或{语句组 1}；

else

　　语句或{语句组 2}；

功能：如果表达式的值为真，则执行语句组 1，否则执行语句组 2。

例如：

if（x＜y）

　　max＝y；

else

　　max＝x；

第 2 种形式的执行过程如图 3-2 所示。

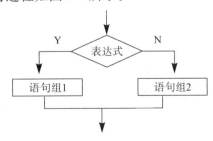

图 3-2　if 语句第 2 种形式流程图

【例 3-2】 如果输入的三位数个位数字不是 0,则交换个位和百位再输出交换后的三位数。否则输出"输入不符合条件。"

源程序:

```
#include <stdio.h>
void main( )
{
    int n,a,b,c,t;
    printf("please input n:");
    scanf("%d",&n);
    a=n/100;
    b=(n-a*100)/10;
    c=n%10;
    if(c! =0&&n>=100&&n<=999)
    {
        printf("您输入的三位数是%d\n",n);
        t=a; a=c; c=t;
        printf("百位与个位交换后得到的三位数是%d。\n",100*a+10*b+c;}
    else
        printf("输入不符合条件。\n");
}
```

运行结果:

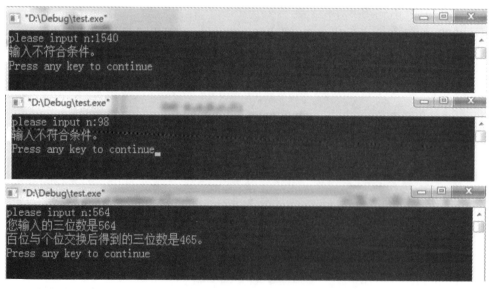

结果分析:

该程序在上面例题的前提下添加了详细的条件设计:c! =0&&n>=

100&&n<=999。要求满足输入条件的 n 是一个三位数,并且三位数的个位不能是 0,两个条件都满足才执行下面的操作。这个条件用到了条件表达式和逻辑表达式。注意运算的优先级。

3. 第 3 种形式:(if-else-if 形式)

如果选择多个分支,可采用 if-else-if 语句,其一般形式为:

```
if(表达式 1)
    语句组 1;
else if(表达式 2)
        语句组 2;
    else if(表达式 3)
        语句组 3;
        …
        else if(表达式 m)
                语句组 m;
            else 语句组 n;
```

功能:由上而下,依次判断表达式的值,当某个表达式的值为真时,就执行其对应的语句。然后跳到 if-else-if 语句之外继续执行。如果所有的表达式全为假,则执行语句组 n。

例如:

```
if(grade>90)   printf("优秀");
else if(grade>80) printf("良好");
    else if(grade>70) printf("中等");
        else if(grade>60) printf("及格");
            else printf("不及格");
```

实际操作经常用到多分支结构。其中分段函数是典型的多分支结构。

【例 3-3】 求分段函数的值。

$$y = \begin{cases} x^2 & (x>0) \\ 0 & (x=0) \\ |x| & (x<0) \end{cases}$$

源程序:

```c
#include "stdio. h"
#include "math. h"
void main( )
{
    int x,y;
```

```
    printf ("Please input x=");
    scanf ("%d", &x);
    if (x>0)
    { y=pow(x,2);
       printf("  y=x * x=%d\t(x>0)\n",y);}
    else if(x==0)  printf("  y=%d\t(x=0)\n",x);
       else  {  y=fabs(x);
                printf("  y=|x|=%d\t(x<0)\n",y);  }
}
```

运行结果：

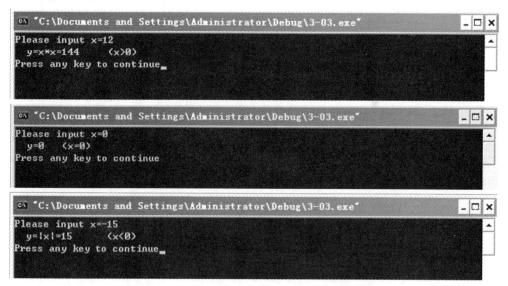

通过上面的例题,可以对 if 语句的 3 种形式进行说明:

(1)if 后面括号中的表达式是判断的"条件",它不仅可以是逻辑表达式或关系表达式,还可以是其他表达式,如赋值表达式,或仅是一个变量。例如:

if(x=10) 语句;和 if(x) 语句;都是合法的语句。第一个 x=10 表示条件为真,执行后面语句。第二个 x 是非 0 值时则表示真,否则为假。

(2)if 语句中,条件表达式必须用括号括起来,在括号中不能加分号,if 语句中的内嵌语句必须要加分号。如果是复合语句,就需要加上"{}"。

(3)在 if-else-if 语句中,else 不能单独使用,需要和 if 配对使用,有多少个 if 就有多少个 else。

3.2.2　if 语句的嵌套

处理多分支的情况时,C 语言允许在"if(表达式)语句组 1;else 语句组 2;"的语句组中再使用 if 或 if-else 语句,这种设计方法称为嵌套。

例如：

```
if( )
    if( )语句 1；
    else 语句 2；
else
    if( )语句 3；
    else 语句 4；
```

if 语句的嵌套中，else 部分总是与前面最靠近的、还没有配对的 if 配对。为避免匹配错误，最好将内嵌的 if 语句，统一用花括号括起来。

【例 3-4】　使用 if 语句的嵌套求例 3-3 中分段函数的值。

源程序：

```c
#include "stdio. h"
#include "math. h"
void main( )
{
  int x,y;
  printf ("Please input x=");
  scanf ("%d", &x);
  if (x! =0)
  {
    if (x>0)
    { y=pow(x,2);
     printf("  y=x * x=%d\t(x>0)\n",y);}
    else
    {
      y=fabs(x);
      printf("  y=|x|=%d\t(x<0)\n",y);}
  }
  else
    printf("  y=%d\t(x=0)\n",x);
}
```

运行结果：

（同例 3-3）

结果分析：

该程序的实现使用了 if 语句的嵌套，在条件 x!＝0 成立的情况下，嵌套了一个 if-else,实现了大于 0 小于 0 的两种情况。在使用 if 嵌套时要十分小心,可以添加"{}"将语句分开。

3.3　switch 语句的结构及应用

if 语句只有两个分支可供选择,对于多分支情况多用 if 语句的嵌套,但是这种实现多路分支处理的程序结构可能会层数太多,可读性低下。为此,C 语言提供了直接实现多分支选择结构的语句:switch 语句,称为"多分支语句",又叫"开关语句"。它的使用比用 if 语句的嵌套来得简单。switch 语句的一般格式:

```
switch(表达式)
{
    case 常量表达式 1:语句组 1;[break;]
    case 常量表达式 2:语句组 2;[break;]
    …
    case 常量表达式 n:语句组 n;[break;]
    [default:语句组 n+1:[break;]]
}
```

例如:

```
switch(grade/10)
{
    case 10 :
    case   9：printf("优秀\n")；break;
    case   8：printf("中等\n")；break;
    case   7：printf("良好\n")；break;
    case   6：printf("合格\n")；break;
    default:printf("不合格\n")；break;
}
```

说明:

(1)switch 后面"表达式"的值可以是任何类型,当它的值与某个 case 后面的"常量表达式"的值相同时(注意常量表达式的值互不相同),就执行该 case 后面的语句组;如果都不相同,就执行 default 后面的语句组。

(2)每个 case 最后最好有 break 语句,使程序跳出 switch 语句,如果没有 break 语句,将继续执行 switch 语句的下一条,一直到结束。

(3)每个 case 及 default 子句的先后次序不影响程序执行结果。系统自动找到与表达式的值相匹配常量表达式的值。这里的 default 子句也可以省略不用。

（4）多个 case 可以共用一组执行语句。

【例 3-5】　计算器程序。用户输入运算数和四则运算符，输出计算结果。

源程序：

```c
#include <stdio. h>
void main( )
{
    float a,b;
    char c;
    printf("input expression：a+(−,*,/)b \n");
    scanf("%f%c%f",&a,&c,&b);
    switch(c)
    {
        case '+': printf("result is %7.2f\n",a+b);break;
        case '−': printf("result is %7.2f\n",a−b);break;
        case '*': printf("result is %7.2f\n",a*b);break;
        case '/': if(b! =0) printf("result is %7.2f\n",a/b);
                        else    printf("除数不能为零。\n");break;
        default: printf("input error\n");
    }
}
```

运行结果：

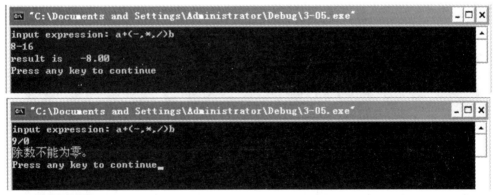

结果分析：

本例可用于四则运算求值。switch 语句用于判断运算符，然后输出运算值。当输入运算符不是＋、−、*、/时给出错误提示。

【例 3-6】　2010 年 8 月 1 日是周日，请输入一个 1 到 31 的数字，输出对应的星期的英文单词。

源程序：

```
#include <stdio. h>
void main( )
{
    int a;
    printf("input integer number:");
    scanf("%d",&a);
    if(a<1||a>31)
        printf("输入的日期不合理。\n");
    else
    switch (a%7)
    {
        case 1:printf("8 月%d 日是 Sunday\n",a);break;
        case 2:printf("8 月%d 日是 Monday\n",a);break;
        case 3:printf("8 月%d 日是 Tuesday\n",a); break;
        case 4:printf("8 月%d 日是 Wednesday\n",a);break;
        case 5:printf("8 月%d 日是 Thursday\n",a);break;
        case 6:printf("8 月%d 日是 Friday\n",a);break;
        case 7:printf("8 月%d 日是 Saturday\n",a);break;
    }
}
```

运行结果：

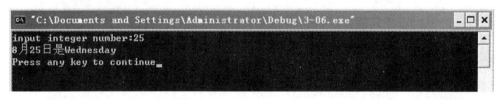

结果分析：

本例中使用多分支语句 switch 实现日期与星期的对应。switch 的条件中使用表达式 a%7，值 0～6 依次对应周日、周一、周二、周三、周四、周五、周六。

【例 3-7】 输入某学生成绩，根据成绩的情况输出相应的评语。成绩在 90 分以上，输出评语：优秀；成绩在 70 到 90 之间，输出评语：良好；成绩在 60 到 70 之间，输出评语：合格；60 分以下，输出评语：不合格。

源程序：

```
#include <stdio. h>
void main( )
```

```
{   int   score, grade;
    printf("Input a score(0~100):");
    scanf("%d", &score);
    grade = score/10;
    switch (grade)
    {
        case   10:
        case    9: printf("优秀\n"); break;
        case    8:
        case    7: printf("良好\n"); break;
        case    6: printf("合格\n"); break;
        case    5:
        case    4:
        case    3:
        case    2:
        case    1:
        case    0: printf("不合格\n"); break;
        default: printf("数据出界! \n");
    }
}
```

运行结果:

结果分析:

设表示成绩的变量为 score,设计程序的算法步骤为:

(1)输入学生的成绩 score。

(2)将成绩整除 10,转化成 switch 语句中的表达式。

(3)根据学生的成绩输出相应的评语:

①先判断成绩是否在 90 分以上,若是则输出评语:优秀;

②若①否,再判断成绩是否在 70 到 90 之间,若是则输出评语:良好;

③若①②均否,再判断成绩是否在 60 到 70 之间,若是则输出评语:合格;

④否则,输出评语:不合格。

多次测量:goto 语句。

【例 3-8】 身高体重指数（又称身体质量指数，英文为 Body Mass Index，简称 BMI）。这个计算值主要用于统计用途。当我们需要比较及分析一个人的体重对于不同高度的人所带来的健康影响时，BMI 值是一个中立而可靠的指标。

定义如下：BMI＝体重/身高^2（体重单位：千克（Kg）；身高单位：米（M））

正常范围：18.5≤BMI＜25

体重偏胖：25≤BMI＜27

轻度肥胖：27≤BMI＜30

中度肥胖：30≤BMI＜35

重度肥胖：BMI≥35

请按要求输入您的身高和体重，然后输出身高体重指数和评语。

源代码：

```c
#include <stdio.h>
void main()
{
    float   h, g;
    int BMI;
    printf("**************************************************\n");
    printf("\t 欢迎使用该 BMI 系统测试您的身体健康（健康指数 19～24）\n");
    printf("**************************************************\n");
a:
    printf("请输入身高(m)和体重(kg)：");
    scanf("%f,%f", &h, &g);
    BMI=(int)(g/(h*h));
    if(h==0)
        exit(0);
    else
        switch (BMI)
        {
            case  40:
            case  39:
            case  37:
            case  36:
            case  35: printf("健康指数%d,重度肥胖\n",BMI); goto a;
            case  34:
```

```
        case    33：
        case    38：
        case    32：
        case    31：
        case    30： printf("健康指数%d,中度肥胖\n",BMI)；goto a；
        case    29：
        case    28：
        case    27：printf("健康指数%d,轻度肥胖\n",BMI)；goto a；
        case    26：
        case    25： printf("健康指数%d,体重偏胖\n",BMI)；goto a；
        case    24：
        case    23：
        case    22：
        case    21：
        case    20：
        case    19：printf("健康指数%d,正常体重\n",BMI)；goto a；
        default：printf("偏瘦,请注意营养！\n")；goto a；
        }
    }
```

运行结果：

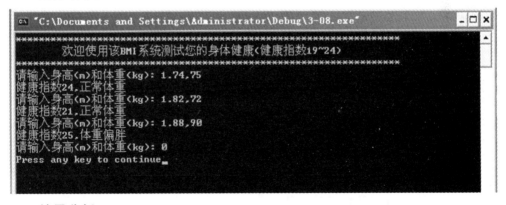

结果分析：

本例中使用了 if 语句、switch 语句和 goto 语句。goto 语句可以实现结构内部无条件的跳转,执行 goto 语句后将跳转到标记 a 处。重新输入数值继续测试。跳出的条件是由 if 语句来控制的。switch 语句用来实现根据 BMI 的值来判断、输出健康状况。

小 结 3

根据某种条件的成立与否而采用不同的程序段进行处理的程序结构称为选择结构。选择结构又可分为简单分支(两个分支)和多分支两种情况。一般采用 switch 和 break 语句实现多分支结构程序。

if 语句一般多用于实现简单分支结构程序,if 语句的控制条件通常用关系表达式或逻辑表达式构造,也可以用一般表达式表示。表达式的值非零时,为"真",表达式值为零时,为"假"。

if 语句有简单 if、if-else、if-else-if 三种形式,它们可以实现简单分支结构程序。采用嵌套 if 语句还可以实现较为复杂的多分支结构程序。在嵌套 if 语句中,else 与其前最近的同一复合语句的不带 else 的 if 配对。书写嵌套 if 语句往往采用缩进的阶梯式写法。

switch 语句一般多用于实现多分支结构程序。switch 只有与 break 语句相结合,才能设计出正确的多分支结构程序。

习 题 3

一、选择题

1. 已知字母 A 的 ASCⅡ代码值为 65,若变量 kk 为 char 型,以下不能正确判断出 kk 中的值为大写字母的表达式是(　　)。

   A. kk>='A'&&kk<='Z'

   B. !(kk>='A' || kk<='Z')

   C. (kk+32)>='a'&&(kk+32)<='z'

   D. isalpha(kk)&&(kk<91)

2. 下列叙述中正确的是(　　)。

   A. beak 语句只能用于 switch

   B. 在 switch 语句中必须使用 default

   C. break 语句必须与 switch 语句中的 case 配对使用

   D. 在 switch 语句中,不一定使用 break 语句

3. 当 a=1,b=2,c=3,d=4 时,执行下面一段程序后,x 的值为＿＿＿＿ 。

   if(a<b<c)

   　　if(d< c+1) x=1;

　　　　else x＝2；

　　　　　　else x＝3；

　　A. 1　　　　　　　B. 2　　　　　　　C. 3　　　　　　　D. 无结果

4. 为了避免嵌套的 if-else 的二义性，C 语言规定，else 与_____ 配对。

　　A. 与最外层的 if　　　　　　　　B. 其之前最近的不带 else 的 if

　　C. 其之后最近的 if　　　　　　　D. 与最近的﹛﹜之前的 if

5. 最适合解决选择结构"若 a＞＝0，则 b＝1；否则 b＝0"的语句是_____ 。

　　A. if　　　　　　　B. if-else　　　　C. switch　　　　D. 嵌套的 if-else

6. 以下选项中，当 x 为大于 1 的奇数时，值为 0 的表达式 _____ 。

　　A. x％2＝＝1　　B. x/2　　　　　C. x％2! ＝0　　D. x％2＝＝0

7. 设变量 x 和 y 均已正确定义并赋值，以下 if 语句中，在编译时将产生错误
信息的是 _____ 。

　　A. if(x＋＋) ；　　　　　　　　　B. if(x＞y&y! ＝0)；

　　C. if(x＞y) x－ －　　　　　　　D. if(y＜0) ﹛;﹜

　　　　else y＋＋；　　　　　　　　　　else x＋＋；

8. 以下程序的输出结果是 _____ 。

```
main( )
{
    int  a＝5,b＝4,c＝6,d;
    printf("%d\n",d=a>b? (a>c? a:c):(b));
}
```

　　A. 5　　　　　　　B. 4　　　　　　　C. 6　　　　　　　D. 不确定

二、填空题

1. 判断字符型变量 *s* 是否为 0～9 的数字字符的正确表达式是_____ 。

2. 复合语句在语法上被认为是_____ ，空语句的形式是_____ ，在
if(x)语句中的 x 与表达式_____ 是等价的。

3. 在 C 语言中，switch 语句中 case 后面是_____ ，使用关键字 default
后面的语句组表示_____ 。

4. 变量 a＝1,b＝2,c＝3，执行语句 if(a＜b＜c) ﹛a＝b；b＝c；c＝a；﹜后，存放
在三个变量中的值分别为 a＝_____ ，b＝_____ ，c＝_____ 。

5. 若定义 int a＝5,b＝4,c＝3,d；则执行语句 d＝(a＞b＞c)后，d 中的值是
_____ 。

三、阅读程序题

1. 以下程序的运行结果是：＿＿＿＿＿＿＿＿ 。

```
# include<stdio. h>
void main( )
{
    char c1=97;
    if(c1> ='a'&&c1< ='z' )
        printf("%d,%c",c1,c1+1);
    else printf("%c",c1);
}
```

2. 以下程序运行后的输出结果是＿＿＿＿＿＿＿＿ 。

```
# include<stdio. h>
void main( )
{
    int x=10,y=20 ,t=0;
    if(x==y)
    { t=x; x=y; y=t;   }
    printf("%d,%d\n",x,y);
}
```

3. 依次从键盘输入 58、48、38,则以下程序输出的结果分别是 ＿＿＿＿＿＿ 、
   ＿＿＿＿＿＿ 、 ＿＿＿＿＿＿ 。

```
# include<stdio. h>
void main( )
{
    int a;
    scanf("%d",& a);
    if(a>50) printf("%d",a);
    if(a>40) printf("%d",a);
    if(a>30) printf("%d",a);
}
```

4. 以下程序的运行结果是：＿＿＿＿＿＿＿＿ 。

```
# include<stdio. h>
void main( )
{
```

```
int x=1,a=0,b=0;
switch (x)
{
    case 0：b++;
    case 1：a++;
    case 2：a++;b++;
}
printf("a=%d,b=%d\n",a,b)
}
```

四、编程题

1. 编写程序实现：从键盘输入一个数，判断它的奇偶性。

2. 编写程序，根据以下函数，从键盘输入 x 的值，计算对应 y 的值。

x	y
$x>2$	$x(x+2)$
$-1<x<=2$	$1/x$
$x<=-1$	$x-1$

3. 编写一个程序，从键盘上输入 4 个整数，输出其中的最小值。

4. 编程，运行时输入一个四位整数 n，输出 n 各位数字之和（例如，若 $n=1308$，则输出 12，若 $n=3204$，则输出 9）。

5. 某市出租汽车收费标准是：3 千米以内，收费 6 元，10 千米以内，每增加一千米加 1.2 元，10 千米以上，每增加 1 千米增加 1 元。用 if 语句和 switch 语句分别编写程序，输入里程，计算出租车费。

循环结构程序设计

扫一扫，获取程序代码

教学目标

◇ 掌握三种循环语句的语法结构。

◇ 灵活运用循环语句进行编程。

在许多问题的处理中都需要用到循环控制。例如，要输入全校学生的成绩；求若干个数之和；迭代求根等。循环结构可以减少源程序重复书写的工作量，用来描述重复执行某段算法的问题，这是程序设计中最能发挥计算机特长的程序结构，C 语言中提供四种循环，即 goto 循环、while 循环、do-while 循环和 for 循环。

四种循环可以用来处理同一问题，一般情况下它们可以互相替换，但一般不提倡用 goto 循环，因为强制改变程序的顺序经常会给程序的运行带来不可预料的错误，所以，我们主要学习 while、do-while、for 三种循环。常用的三种循环结构学习的重点在于弄清它们相同与不同之处，以便在不同场合下使用，这就要清楚三种循环的格式和执行顺序，将每种循环的流程图理解透彻后就会明白如何替换使用，如把 while 循环的例题，用 for 语句重新编写，就能更好地理解它们的作用。特别要注意在循环体内应包含趋于结束的语句（即循环变量值的改变），否则就可能成死循环，这是初学者的常见错误。循环结构 N-S 流程图和循环结构流程图分别如图 4-1（a）（b）所示。

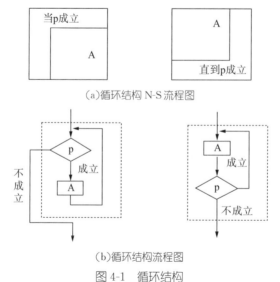

（a）循环结构 N-S 流程图

（b）循环结构流程图

图 4-1 循环结构

4.1　while 语句的结构及应用

1. while 语句的格式

　　while(表达式) 语句组

其中表达式是循环条件,语句组为循环体。

2. 执行过程

　　当条件表达式为真时,执行一次循环体,再检查条件表达式是否为真,若为真,再执行循环体,以此类推,直到执行循环体后条件表达式的值为假时终止。然后执行循环体后的其他语句。当一开始条件表达式就为假时,则循环体一次也不执行。其执行过程如图 4-2 所示。

　　说明:循环体语句是由若干条语句组成的。循环体中必须有修改条件表达式的语句,可以使条件由成立转为不成立,从而结束循环。否则如果没有修改条件表达式的语句,就会永远为真,使循环体永远重复执行下去,称之为"死循环"。

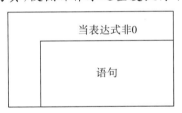

图 4-2　while 循环 N-S 流程图

【例 4-1】　用 while 语句求 2+4+6+8+…+50 的值。

用 N-S 结构流程图表示算法,如图 4-3 所示。

分析步骤:

(1)初始化:sum 初值为 0,n 初值为 2;

(2)循环条件:当 n<=50 时 ,继续循环累加;

(3)循环体:累加 sum=sum+n;指向下一项 n=n+2;

(4)n=52 时循环结束;

(5)输出 sum。

```
#include <stdio. h>
void main( )
{
  int n=2, sum=0;
  while(n<=50)
  {
    sum=sum+n;
    n=n+2;
  }
  printf("sum=%d\n",sum);
}
```

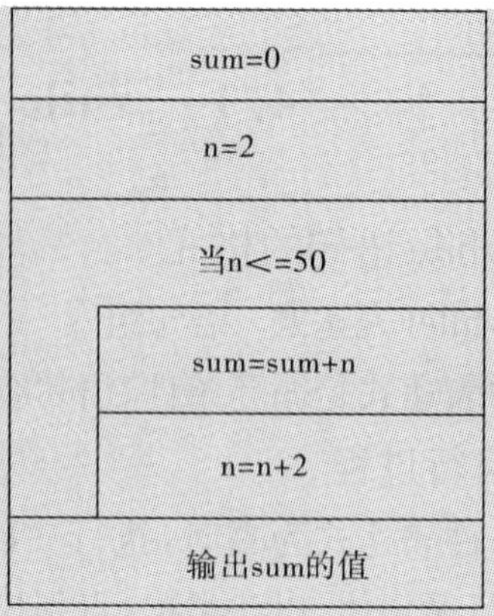

图 4-3　求 1 至 n 个数的和 N-S 结构流程图

运行结果：

sum=650

注意：当循环体有多个语句时，要用括号"{"和"}"把它们括起来。

【例 4-2】　用 $\pi/4 \approx 1 - \frac{1}{3} + \frac{1}{5} - \frac{1}{7} + \cdots$ 公式求 π 的近似值，直到最后一项的绝对值小于 10^{-6} 为止。

用 N-S 结构流程图表示算法，如图 4-4 所示。

```
#include <stdio. h>
#include <math. h>
void main( )
{
  int s;
  float n,t,pi;
  t=1;pi=0;n=1.0;s=1;
  while((fabs(t))>1e-6)
  {
    pi=pi+t;
    n=n+2;
    s=-s;
    t=s/n;
  }
  pi=pi*4;
    printf("pi=%10.6f\n",pi);
}
```

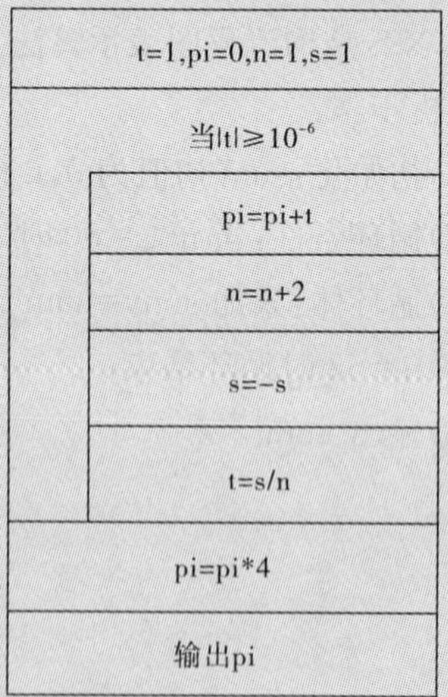

图 4-4　求 π 的近似值 N-S 结构流程图

运行结果：

pi＝　3.141594

4.2　do-while 语句的结构及应用

do-while 循环与 while 循环的不同之处仅在于：它是先执行循环体中的语句，然后再判断表达式是否为真；如果为真，则继续循环；如果为假，则终止循环。因此，do-while 循环中的循环体语句至少要被执行一次。

do

　　循环体语句

while(表达式)；/ ＊本行的分号不能缺省＊/

其执行过程可用图 4-5 所示表示。

循环体语句
直到表达式为假

图 4-5　do-while 循环的 N-S 流程图

【例 4-3】　用 do-while 语句求 2＋4＋6＋8＋…＋50 的值。

用 N-S 结构流程图表示算法如图 4-6 所示。

```
#include "stdio. h"
void main( )
{
  int n＝2,sum＝0;
  do
  {
    sum＝sum＋n;
    n＝n+2;
  }while(n＜＝50);
  printf("sum＝%d\n",sum);
}
```

sum=0
n=2
sum=sum+n
n=n+2
直到n<=50
输出sum的值

图 4-6　求 1 至 n 个数的和 N-S 结构流程

运行结果：

sum＝650

注意：

(1)当循环体有多个语句时，要用"{"和"}"把它们括起来。

(2)do-while 语句比较适用于不论条件是否成立，先执行 1 次循环体语句组的情况。

4.3 for 语句的结构及应用

在 C 语言中,for 语句使用最为灵活,它完全可以取代 while 语句。

1. 一般语法格式

for([表达式 1];[表达式 2];[表达式 3])
  语句组

说明:

(1)表达式 1:给循环控制变量赋初值。

(2)表达式 2:循环条件,一般是一个关系或逻辑表达式,它决定什么时候退出循环。

(3)表达式 3:循环变量增值,规定循环控制变量每循环一次后按什么方式变化。

(4)这三个部分之间用";"分开。

for 语句的格式还可以直观地描述为:

for([变量赋初值];[循环继续条件];[循环变量增值])
  语句组

使用中括号"[ ]"表明其内的项是可以缺省的。

2. for 语句的执行过程

(1)求解"变量赋初值"表达式。

(2)求解"循环继续条件"表达式。如果其值非 0,执行 3);否则,转向 4)。

(3)执行循环体语句组,并求解"循环变量增值"表达式,然后转向 2)。

(4)执行 for 语句的下一条语句。

其执行过程如图 4-7 所示。

图 4-7 for 语句的执行过程

【例 4-4】 用 for 语句求 2+4+6+8+…+50 的值。

```
#include <stdio. h>
void main( )
{
  int n ,sum=0;
  for(n=2; n<=50; n=n+2)
    sum +=n ;                          /＊实现累加＊/
  printf("sum=%d\n",sum);
}
```

运行结果：

```
sum=650
```

分析步骤：

(1)先给 n 赋初值 2；

(2)判断 n 是否小于等于 50，若是则执行循环体语句；

(3)n 值增加 2，再重新判断；

(4)直到条件为假，即 i>50 时，结束循环；

(5)输出结果。

这 3 种循环语句,语句功能相同,可以互相代替,但 for 语句结构简洁,使用起来灵活、方便,不仅可用于循环次数已知的情况,也可用于循环次数未知,但给出了循环继续条件的情况。

比较一下可以看出：

```
for(n=2; n<=50; n=n+2)
sum=sum+n;
```

相当于：

```
n=2;
while(n<=50)
{ sum=sum+n;
  n=n+2;}
```

其实,while 循环是 for 循环的一种简化形式(缺省"变量赋初值"和"循环变量增值"表达式)。

【例 4-5】 求 $n!$ $(n! =1 * 2 * \cdots * n)$。

```
#include <stdio. h>
void main( )
{
  int i, n;
  long s=1;                            /＊将累乘器 s 初始化为 1 ＊/
```

```
    printf("Please input n:");
    scanf("%d", &n);
    for(i=1; i<=n; i++) s= s * i;                    /* 实现累乘 */
    printf("%d ! = %ld\n", n,s);
}
```

程序运行情况:

```
Please input n:6↵

6 ! = 720
```

思考: 累乘器 s 的初始化值可以为 0 吗?

3. 关于 for 语句的几点说明

(1)"变量赋初值""循环继续条件"和"循环变量增值"部分均可缺省,甚至全部缺省,但其间的分号不能省略。

(2)当循环体语句组由多条语句构成时,要使用大括号括起来,即构成复合语句。

(3)"循环变量赋初值"表达式,可以是逗号表达式,既可以是给循环变量赋初值,也可以是与循环变量无关的其他表达式。

例如,求和的例子可写为:

```
n=2;
for( sum=0 ; n<=50 ;n=n+2)
    sum +=n ;
```

或

```
for( sum=0, n=2 ; n<=50 ; n=n+2)
    sum +=n ;
```

(4)"循环继续条件"一般是关系(或逻辑)表达式,也允许是其他表达式。

4.4　goto 语 句

goto 语句是一种无条件转移语句。

1. 格式

　　goto 语句标号;

2. 功能

使系统转向标号所在的语句行执行。

3. 说明

(1)标号是一个标识符,这个标识符加上一个":",用来标识某个语句。

(2)标号必须与 goto 语句同处于一个函数中,但可以不在同一个循环层中。

(3)goto 语句不是循环语句,与 if 语句连用才可以构成循环。也可以不构成循环,当满足某一条件时,程序转跳到别处运行。

(4)结构化程序设计不提倡用 goto 语句,因为它会使程序结构无规律,不易读。所以它也不是必需的语句,但有时,用 goto 语句也比较方便。

【例 4-6】 使用 goto 语句实现求解 2+4+6+8+…+50 的值。

分析:

(1)首先要设置一个累加器 sum,也叫加法器,其初值为 0;

(2)利用 sum = sum+n 来累加;

(3)n 依次取 2、4、…、50。

```
#include <stdio.h>
void main( )
{
    int sum=0,n=2 ;              /* 初始化,循环开始前的准备工作 */
    loop: sum += n;             /* 累加求和 */
    n=n+2;                      /* 指向下一项 */
    if (n<=50)  goto  loop;    /* 转到 loop 标示的行,执行对应的语句 */
    printf("sum=%d\n", sum);   /* 输出结果 */
}
```

运行结果:

sum=650

注意:

(1)初学者容易轻视初始化,导致结果面目全非。

(2)循环结束时 n=52。

4.5 break 语句及 continue 语句

为了使循环控制更加方便,C 语言提供了 break 语句和 continue 语句。

1. 格式

>   break;
>   continue;

2. 功能

break 和 continue 语句对循环控制的影响如图 4-8 所示。

(1)break。break 语句用于强行结束循环,转向执行循环语句的下一条语句。

(2)continue。对于 for 循环,跳过循环体其余语句,转向循环变量增值表达式的计算;对于 while 和 do-while 循环,跳过循环体其余语句,转向循环继续条件的判定。

3.说明

(1)break 能用于循环语句和 switch 语句中,continue 只能用于循环语句中。

(2)循环嵌套时,break 和 continue 只能向外跳一层。

(3)通常,break 语句和 continue 语句是和 if 语句连用的。

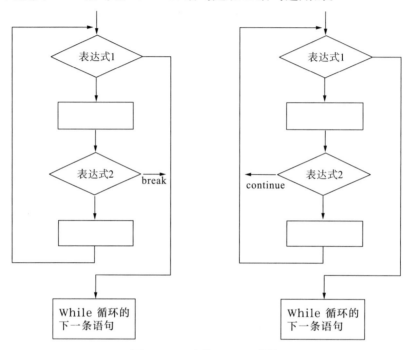

图 4-8 break 和 continue 语句

【例 4-7】 continue 语句的应用。

```
#include <stdio.h>
void main()
{
    int n;
    for( n=1;n<=20;n++)
    {
        if(n%3==0) continue;/* n可以被 3 整除时,继续下一次循环的判断 */
        printf("%3d", n);      /* n不可以被 3 整除时,输出 */
    }
}
```

运行结果:

1 2 4 5 7 8 10 11 13 14 16 17 19 20

该程序输出了 1～20 之间不可以被 3 整除的数。

【例 4-8】 输出 100～200 之间的全部素数。

所谓素数 n 是指除 1 和 n 之外，不能被 2～(n−1) 之间的任何整数整除。

分析：

(1) 内循环设计出判断某一个数 n 是否是素数的算法；

(2) 判断某数 n 是否是素数的算法：根据素数的定义，用 2～(n−1) 之间的每一个数去整除 n，如果都不能被整除，则表示该数是一个素数；

(3) 外循环：被判断数 n，从 101 循环到 199；

```
#include <stdio.h>
void main()
{
  int i , n ;
  for( n=101 ;n< 200;n+=2)      /*外循环:为内循环提供一个整数 n */
  {  for( i=2 ; i< = n-1 ; i++ ) /* 内循环:判断整数 n 是否是素数 */
    if(n%i= =0)    /*n 不是素数 */
      break;        /* n 不是素数时,强行退出内循环,回到外循环继续 */
    if(i >= n )      /* n 是素数时,输出 n */
      printf("%5d",n);
  }
}
```

运行结果：

```
101   103   107   109   113   127   131   137   139   149   151   157   163
167   173   179   181   191   193   197   199
```

注意： 循环控制变量 n 的初值从 101 开始，增量为 2，这样做节省了一半的循环次数。本例还可以有其他更好的设计方法。

小 结 4

在程序设计中对那些需要重复执行的操作应该采用循环结构来完成。利用循环结构处理各类重复执行的操作既简单又方便，循环结构又称"重复结构"，C 语言中有 3 种可以构成循环的循环语句类型：

$$\left\{\begin{array}{l} \text{while} \\ \text{do-while} \\ \text{for} \end{array}\right.$$

①break 语句：用于 switch 和循环语句。

②continue 语句:只用于循环语句,针对所在层(本层)操作。

③goto 语句:尽量少用,可以针对多层循环。

分支和循环之间可以相互嵌套,但无论分支和循环之间,还是分支之间、循环之间的嵌套,都只能内嵌套,不能交叉。

习 题 4

一、选择题

1. 在执行以下程序时,如果从键盘输入:ABCdef<回车>,则输出为_____。

```
# include<stdio. h>
main( )
{
    char ch;
    while((ch=getchar( )) ! ='\n')
    {
        if(ch>='A'&&ch<='Z')
            ch=ch+32;
        else if(ch>='a'&&ch<='z')
                ch=ch-32;
        printf("%c",ch);
    }
    printf("ln");
}
```

  A. ABCdef   B. abcDEF   C. abc   D. DEF

2. 执行以下程序后,输出结果是_____。

```
main( )
{
    int y=10;
    do{y-- ;} while(--y);
    printf("%d \ n",y--);
}
```

  A. -1   B. 1   C. 8   D. 0

3. 在下列选项中,没有构成死循环的程序段是_____。

    A. int i＝100；   B. for(；；)；

       while(1)

       ｛ i＝i&.100＋1；

          if(i＞100) break；

       ｝

    C. int k＝1000；   D. int s＝36；

       do｛＋＋ k；｝while(k≤1000)；   while(s)；－－ s；

4. 执行语句：for(i＝1；i＋＋ ＜4；)；后,变量 i 的值是_____。

    A. 3   B. 4   C. 5   D. 不定

5. 运行以下程序后,如果从键盘输入 china＜回车＞,则输出结果为_____。

```
＃ include＜studio.h＞
main( )
｛ int v1＝0,v2＝0；
  char ch；
  while((ch＝getchar( )! ＝'ln')
  switch(ch)
   ｛ case 'a'：
     case 'h'：
     default：v1＋＋；
     case '0'：v2＋＋；
   ｝
  printf("%d,%d \ n",v1,v2)；
｝
```

    A. 2,0   B. 5,0   C. 5,5   D. 2,5

6. 执行以下程序片段的结果是_____。

```
int x＝321；
do｛ printf("%2d",x －－)；｝while(! x)；
```

    A. 打印出 321   B. 打印出 32   C. 打印出 21   D. 陷于死循环

7. 有以下的 for 循环语句：

    for(x＝0,y＝3,i＝0；(y＞3)&&(x＜4)；x＋＋, y＋＋)   i＋＋；

    则执行上述语句后,i 的值为_____。

    A. 0   B. 1   C. 2   D. 陷于死循环

8. 设执行变量 y 值为 3,执行下列循环语句后,变量 y 的值是_____。

do y++;while (y++< 4);

    A. 3   B. 4   C. 5   D. 6

9. 语句 while (! e);中的条件! e 等价于_____。

    A. e = = 0   B. e! =1   C. e! =0   D. ~e

10. 执行语句: for (i=1;i++<4;); 后, 变量 i 的值是( )。

    A. 3   B. 4   C. 5   D. 不定

11. 以下循环体的执行次数是( )。

```
main ( )
{
  int i,j;
  for(i=0,j=1;i<=j+1;i+=2,j——)
  printf("%d\n",i);
}
```

    A. 3   B. 2   C. 1   D. 0

12. 有如下程序段:

```
main( )
{
  int i,sum;
  for(i=1;i<=3;sum++)  sum+=i;
  printf("%d\n",sum);
}
```

    该程序的执行结果是( )。

    A. 6   B. 3   C. 死循环   D. 0

13. 以下程序执行后 sum 的值是( )。

```
main( )
{
  int i, sum;
  for(i=1;i<6;i++) sum+=i;
  printf("%d\n",sum);
}
```

    A. 15   B. 14   C. 不确定   D. 0

14. 在下列选项中,没有构成死循环的程序段是( )。

    A. int i=100;   B. for (; ;);

while(1)

  { i=i%100+1；

  if(i>100)　break;}

C. int k=1000；   D. int s=36；

  do{ ++k;} while(k>=1000)； while (s)；——s；

15. 有以下程序

main( )

{

int i=0,s=0；

do{ if(i%2)　{i++；continue;}

  i++；

  s+=i；

 } while(i<7)；

printf("%d\n",s)；

}

执行后输出结果是(　　)。

A. 16   B. 12   C. 28   D. 21

16. 以下程序的输出结果是(　　)。

main( )

{ int　i,j,x=0；

 for (i=0;i<2;i++)

 {　x++；

  for (j=0;j<=3;j++)

  {　if (j%2) continue；

    x++；

  }

  x++；

 }

 printf("x=%d\n",x)；

}

A. x=4   B. x=8   C.　x=6   D. x=12

二、填空题

1. C 语言中可用于循环控制的语句有_____、_____、_____、_____。

2. 在 for 循环语句中,若想让循环中途退出循环,可以使用_____语句。

3. 以下程序片段执行后的输出结果是_____。

   int n＝10；

   while(n＞7)

   ｛ printf("％d",n－－)；｝

4. 下面程序是计算 100 以内能被 3 整除,且个位数为 6 的所有整数,请填空。

   ＃include＜stdio. h＞

   main( )

   ｛

   　int i,j；

   　for(i＝0；_____；i＋＋)

   ｛ j＝i＊10＋6；

   　　if(_____) continue；

   　　printf("％d",j)；

   ｝

   ｝

三、阅读程序题

1. 以下程序的运行结果是_____。

   ＃ include＜stdio. h＞

   main( )

   ｛

   　int i,j,k；

   　for(i＝1;i＜4;i＋＋)

   ｛ for(k＝0;k＜－3－i;k＋＋) printf("␣")；

   　for(j＝0;j＜2＊i－1;j＋＋) printf("＃")；

   　printf("\ n")；

   ｝

   ｝

2. 以下程序的运行结果是_____。

   ＃ include＜stdio. h＞

   main( )

   ｛

```
int i,ch,a[8];
for(i=0;i<8;i++) a[i]=0;
while ((ch=getchar())!='\n')
   if(ch>='0'&&ch<='7')
      a[ch-'0']++;
   for(i=0;i<8;i+=2)
      printf("a[%d],%d\n",i,a[i]);
}
```

四、编程题

1. 输出 100 以内所有个位数为 6 且能被 3 整除的自然数之和。

2. 编程,运行时若输入 a、n 分别为 2、6,则输出下列表达式的值:

$$2+22+222+2222+22222+222222$$

3. 输入 x,计算多项式 $1-x+x*x/2! -x*x*x/3! +\cdots$ 的和,直到末项的绝对值小于 10^{-6} 为止。

4. 输出所有的"水仙花数"之和。"水仙花数"是指一个三位数,其各位数字的立方和等于该数本身。例如:$153=1*1*1+5*5*5+3*3*3$。

5. 一个素数加上 1000 以后是 43 的倍数,求满足这个条件的最小素数。

6. 根据下式求 s 的值(以 $n=30$ 为例):

$$s=1+(1+2)+(1+2+3)+\cdots+(1+2+\cdots+n)$$

7. 根据下式求 sum 的值:

$$sum=1+1/12+1/123+1/1234+1/12345$$

数组

扫一扫，获取程序代码

教学目标

◇ 了解数组的定义。

◇ 掌握一维数组的定义和使用。

◇ 掌握二维数组的定义和使用。

◇ 掌握字符数组的定义和使用。

◇ 熟练掌握数组循环语句的使用。

◇ 了解常用字符串处理函数。

迄今为止，本书的前面章节学习使用的变量都属于基本数据类型（整型、字符型和实型等），它们有一个共同的特点，那就是每个变量在同一个时刻都只能存放一个值。但在实际的程序设计过程中，经常会遇到要处理许多相同类型的数据的集合，并且要求这些数据构成逻辑上的一组。例如要统计全班 50 个人的考试成绩，定义 50 个变量肯定是不现实的，或是遇到更多需要处理的数据，就需要一种新的类型来定义。

C 语言还提供了构造类型的数据，它们是由基本类型按照一定规则组成的，有数组、结构体和共用体类型等。本章介绍数组。

数组是相同类型有序数据的集合。用一个统一的数组名和下标来唯一地确定数组中的各个元素。下面分别介绍 C 语言中的一维数组、二维数组和多维数组的定义和使用。

5.1　一维数组

1. 一维数组的定义

一维数组是数组中的元素只有一个下标的数组。与 C 语言中的其他变量一样，数组也是先定义，后使用。它的定义方式如下：

数据类型　数组名 [常量表达式]；

说明：

(1)数组的定义必须包含以下各个方面的信息：

①数据类型指明数组的类型，也就是数组元素的类型。

②数组名即数组的名称，必须遵循 C 语言标识符命名规则，尽量做到"见名知义"。

③常量表达式指明数组长度，也就是数组包含多少个元素。

如：int a[10]；

它定义了一个整型数组，数组名为 a，此数组有 10 个元素。

（2）关于数组定义，需要注意以下几点：

①数组名的命名规则等同于变量名的命名规则。例如：

```
char c[10];          /* 定义字符数组 c，有 10 个元素。 */
long x1[5];          /* 定义长整型数组 x1，有 5 个元素。 */
float _xy[100];      /* 定义单精度浮点类型数组_xy，有 100 个元素。 */
int 5a[10];          /* 命名错误。 */
float tst![20];      /* 命名错误。 */
```

②定义数组时，需要指定元素的个数，元素个数必须为常量或常量表达式，不能是变量。

如合法的数组定义：

```
char c[10];          /* 字符型的数组 c，元素个数用常量 10 来表示。 */
int x[3+2*5];        /* 整型数组 x 元素个数用常量表达式 3+2*5 来表示。 */
#define N 10         /* 宏定义了一个符号常量 N 为 10 */
int y[N];            /* 整型数组 y 元素个数用符号常量 N 来表示。 */
```

不合法的数组定义：

```
int n;
scanf("%d",&n);
int a[n];
```

③常量表达式的值是数组中元素的个数，由于 C 语言中数组的下标从 0 开始，因此其最大下标为：常量表达式−1。例如在 int a[10]；中，包含 a[0]，a[1]，a[2]，a[3]，a[4]，a[5]，a[6]，a[7]，a[8]，a[9]这 10 个数组元素，注意不能使用数组元素 a[10]。

2. 一维数组的引用

数组必须先定义后使用。C 语言规定只能够逐个引用数组元素而不能够一次引用整个数组。一维数组的引用形式为：

　　　　　数组名[下标]；

数组元素的引用是通过数组名和下标组合到一起进行引用的。关于数组引用有以下几点需要注意：

（1）数组的下标是从 0 开始的。

假设数组元素的个数为 n,则数组下标正确的范围是:0 ~ n-1。受习惯思维的影响,日常生活中统计都是从 1 开始,初学者容易将数组的下标范围弄错为:1 ~ n,尤其是在实际的编程过程中。

例如:int a[3];

则数组总共有 3 个元素,分别为:a[0]、a[1]、a[2]。如果初学者误认为下标的范围为 1 ~ 3,引用了 a[3],C 语言程序设计不会像其他编程语言的编译器会给出"下标越界"的错误提示。它会将 a[2]的下一个内存单元(在这里为一个整型所占用的字节数)的内容当作 a[3]进行引用,也就是把本不该属于数组元素的内容当作数组元素进行引用,会引起程序的错误。

(2)下标可以是任何非负整型数据,也可以表达式,如果为实型,系统会自动取整。

例如:

```
int a[10];
a[0]=a[5]+a[7]-a[2*3];
```

注意:定义数组时用到的"数组名[常量表达式]"和引用数组元素时用到的"数组名[下标]"的区别。

```
int a[8];        /*定义数组长度为 8*/
t=a[6];          /*引用数组 a 中下标是 6 的元素。此时 6 不代表数组长度*/
```

(3)一个数组元素具有和同类型的单个变量相同的属性。

一个数组元素,实质上就是一个变量,它具有和相同类型单个变量一样的属性,可以对它进行赋值和参与各种运算。换句话说,一个数组元素和一个相同类型的变量是完全等价的。

【例 5-1】 数组元素的引用。

```
#include <stdio.h>
void main( )
{
  int i, a[10];
  for(i=0;i<=9;i++)
    a[i]=i;
  for(i=9;i>=0;i--)
    printf("%4d",a[i]);
  printf("\n");
}
```

运行结果:

```
9 8 7 6 5 4 3 2 1 0
```

说明:下标常常巧妙的和循环变量相结合,随着循环变量的变化而变化,可以达到事半功倍的效果。

(4)数组作为一个整体,不能直接对其进行处理。

在 C 语言中,数组作为一个整体,是不能直接对其进行处理的。在这里要做一个说明,此处所讲的直接处理,举例来说,就是不能对数组进行整体的输入、整体的输出,两个具有相同类型且元素个数相等的数组不能直接相加。

如果要实现这些运算和处理,要怎么办呢? 在 C 语言中,是通过对单个元素的处理来实现的。不管什么类型的数组,也不管有多少个元素,对所有元素都输入了,就相当于数组整体输入了。对所有元素都输出了,就相当于数组整体输出了。

3. 一维数组的初始化

与简单变量一样,C 语言允许在说明数组的同时,为数组中的元素赋初值,这个工作称为初始化,其一般形式为:

类型说明符　数组名[常量或常量表达式] ＝ {初值表};

说明:

具体来说,它可以表现为四种不同的形式。

(1)在定义数组时给数组元素初始化。例如:

```
int   a[3]＝{1, 3, 5};
```

初值表中如果有多个数据,则必须以逗号相间隔。经过上面的定义和初始化之后,a[0]=1,a[1]=3,a[2]=5。像这种初值表里面初值的个数等于数组元素个数的初始化方式,也称为完全初始化。

(2)数组部分元素初始化。例如:

```
int a[10] = {0,1,2,3,4};
```

整型数组 a 有 10 个元素,在初值表里给出 5 个值。像这种初值表里面初值的个数少于数组元素个数的初始化方式,称为部分初始化。数组进行部分初始化时,是按照从前到后的顺序进行的,没有被初始化的元素由编译器自动初始化均为 0。本例中,数组 a 的前 5 个元素 a[0]、a[1]、a[2]、a[3]、a[4]依次为 1、2、3、4、5,后 5 个元素 a[5]、a[6]、a[7]、a[8]、a[9]的值均为 0。

(3)数组完全初始化时,可以不指定元素个数。例如:

```
int a[] = {1,2,3,4,5};
```

整型数组 a,既没有用常量也没有用常量表达式来表示元素的个数,只是在初值表里给出了 5 个值。此时,编译器自动计算初值表里元素的个数,将计算的结果作为数组元素的个数。本例中,数组 a 的长度为 5。

(4)如果想使一个数组中全部元素值为 0,可以写成

```
int a[5]={0,0,0,0,0};
```

不能写成：

```
int a[5]={0*5};
```

在 C 语言中，不能给数组整体赋初值。

5.1.4 一维数组的应用举例

【例 5-2】 将 100 以内能被 3 整除且个位数为 2 的所有整数存入到数组中。

```
#include <stdio.h>
void main()
{ int a[30], i, count = 0;
  for(i=1; i<100; i++)
    if (i % 3 == 0 && i % 10 == 2)/* 取 3 的倍数且个位数是 2 的数 */
      a[count++] = i;
  for(i=0; i<count; i++)
      printf("%3d", a[i]);
}
```

运行结果：

```
12  42  72
```

【例 5-3】 输入 10 个学生的成绩，求平均值，并输出低于平均值的成绩。

```
#include <stdio.h>
void main()
{
  int i;
  float score[10], sum, avg;
  for (i=0; i<10; i++)                /* 输入 10 个学生的成绩 */
    scanf("%f",&score[i]);            /* 在 for 循环中，逐个输入数组元素 */
  for (sum=0,i=0; i<10; i++)
    sum += score[i];
  avg = sum / 10;
  printf("The scores which are below the average:\n");
  for (i=0; i<10; i++)                /* 打印低于平均成绩的成绩 */
    if (score[i] < avg)
      printf("%8.2f", score[i]);      /* 逐个输出符合条件的数组元素 */
}
```

【例 5-4】 用数组求 Fibonacci 数列前 40 项，每行输出 5 项。

Fibonacci 数列是意大利数学家 Fibonacci 研究兔子繁殖时，发现的一个数列。这个数列的特点如下：

$$f_1 = 1;$$
$$f_2 = 1;$$
$$\cdots$$
$$f_n = f_{n-1} + f_{n-2};(n >= 3)$$

```
#include <stdio.h>
void main()
{
  int i ,f[20];
  f[0]=1;
  f[1]=1;
  for(i=2;i<20;i++)
    f[i]=f[i-1]+f[i-2];
  for(i=0;i<20;i++)
  {
    if(i%5==0)          /*if语句用来控制换行,每行输出5个数据*/
      printf("\n");
    printf("%6d",f[i]);
  }
}
```

运行结果:

1	1	2	3	5
8	13	21	34	55
89	144	233	377	610
987	1597	2584	4181	6765

【例 5-5】 将 4、3、2、1、0 这 5 个元素用冒泡法从小到大进行排序。

冒泡法排序是一种最简单的交换排序,它是通过相邻数据元素的交换逐步将数组变成有序。其基本过程如下:

第 1 趟:从第 1 个数开始,将第 1 个数与第 2 个数比较,如果第 1 个数大于第 2 个数,就将两个数交换,即大数下沉,小数上浮;然后对第 2 个数与第 3 个数进行比较,如果第 2 个数大于第 3 个数,则相互交换;依次类推,直至第 4 个元素和第 5 个元素比较完成为止——第 1 趟冒泡排序结束,结果使最大的元素被交换到最后一个元素(第 5 个元素)位置上,如图 5-1 所示。

第 2 趟:对前 4 个元素再进行第 2 趟冒泡排序,结果使次大的元素被交换到第 4 个元素位置,如图 5-2 所示。

重复上述过程,如果有 5 个元素要进行排序,则要进行 4 趟比较。在第 1 趟中要进行 4 次两两比较,第 i 趟中要进行 5-i 次两两比较。共经过 4 趟冒泡排序后,排序结束。

在上述排序过程中,对数组的每次来回扫描,都将其中的最大数"沉底",而小的数浮起"上升",冒泡排序由此而得名,又称为下沉排序。

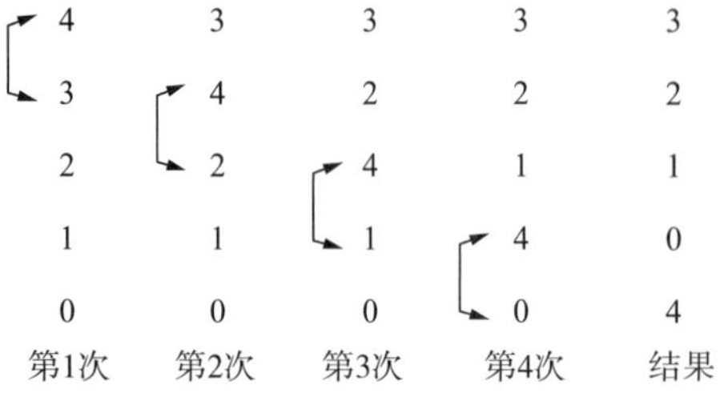

图 5-1 第 1 趟冒泡排序 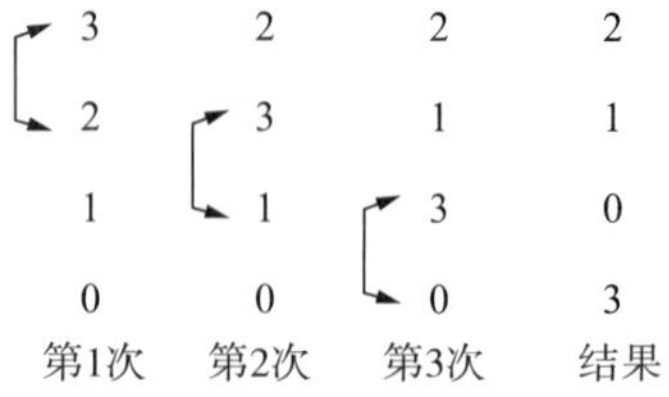   图 5-2 第 2 趟冒泡排序

```c
#include <stdio.h>
#define N 5
void main()
{
  int a[N];,
  int i,j,t;
  printf("Input 5 numbers:\n");
  for(i=0;i<N;i++)
    scanf("%d",&a[i]);
  printf("\n");
  for(i=0;i<N-1;i++)              /*外循环负责趟数*/
  {
    for(j=0;j<N-1-i;j++)          /*内循环负责比较*/
      if(a[j]>a[j+1])
      {
        t=a[j];
        a[j]=a[j+1];
        a[j+1]=j;
      }
  }
  printf("The sorted numbers:\n");
  for(i=0;i<5;i++)
    printf("%3d",a[i]);
}
```

运行结果：

> Input 5 numbers：
>
> 4　3　2　1　0　↵
>
> The sorted numbers：
>
> 0　1　2　3　4

思考：

在上面的排序程序里，如果要求从大往小排序，应该怎样修改这个程序？

5.2　二维数组

数学上的矩阵以及反映现实数据的表格等，通常用二维数组来表示。

5.2.1　二维数组的定义和引用

1.二维数组的定义

二维数组是数组中的元素有两个下标的数组，与一维数组相同，二维数组也必须先定义，后使用。二维数组定义的一般形式为：

类型说明符　　数组名[常量表达式1][常量表达式2]；

说明：

(1)数据类型类似于一维数组定义中的数据类型，指明二维数组元素的类型。

(2)前一个下标为行下标，后一个下标成列下标；常量表达式1说明二维数组由多少行组成，常量表达式2说明二维数组由多少列组成，它们的起始值也从0开始，二维数组中的总元素的数量为两者之乘积。例如：

> int a[3][4]；

定义 a 数组为整型类型的二维数组，其中有 3 行 4 列总计 12 个数组元素。注意，不能写成 int a[3,4]；形式。

2.二维数组的引用

引用的形式：

数组名[行下标][列下标]

二维数组的行下标、列下标和一维数组的下标变化范围一样，都是从 0 开始。三行四列的二维数组 a 包含12个元素，正确的引用形式为：

a[0][0]，a[0][1]，a[0][2]，a[0][3]

a[1][0]，a[1][1]，a[1][2]，a[1][3]

a[2][0]，a[2][1]，a[2][2]，a[2][3]

a[0][0]	0
a[0][1]	1
a[0][2]	2
a[1][0]	3
a[1][1]	4
a[1][2]	5
a[2][0]	6
a[2][1]	7
a[2][2]	8

图5-3　二维数组在内存中的分布

3.二维数组的存放

二维数组在概念上是二维的,也就是说其下标在行和列两个方向上变化。但是,实际的硬件存储器却是连续编址的,也就是说存储器单元是按一维线性排列的。如何在一维存储器中存放二维数组,有两种方式:一种是按行排列,即放完一行之后顺次放入第二行。另一种是按列排列,即放完一列之后再顺次放入第二列。在 C 语言中,二维数组是按行排列存放的,例如:int a[3][3]={0, 1, 2, 3, 4, 5, 6, 7, 8};

先存放 a[0]行,再存放 a[1]行,最后存放 a[2]行,如图 5-3 所示。每行中有 3 个元素也是依次存放。由于数组 a 说明为 int 类型,该类型占四个字节的内存空间,所以每个元素均占有四个字节。

5.2.2 二维数组的初始化

与一维数组相同,可以在说明二维数组的同时,为二维数组中的元素赋初值,这个工作称为初始化。其一般形式:

类型说明符 数组名[常量表达式 1][常量表达式 2]={初值表};

(1)按行初始化。例如:

```
int a[2][3] ={ {1, 2, 3}, {4, 5, 6} };
```

二维数组 a 有两行三列,在初始化的初值表里,每行元素用一对{}包括,行内的元素用逗号分隔。行与行之间也用逗号分隔。这种方法比较直观,并且元素多的时候也比较容易分得清楚元素的位置。

(2)把所有的元素写在一个花括号内,按元素排列的顺序进行初始化。例如:

```
int  a[2][3] ={1, 2, 3, 4, 5, 6};
```

二维数组 a 有两行三列,即共有 6 个元素。在初始化的初值表里,直接给出 6 个值,每个值之间用逗号分隔,类似于一维数组的初始化。这样初始化后,二维数组的各个元素被初始化为:

$$\begin{bmatrix} 1 & 2 & 3 \\ 4 & 5 & 6 \end{bmatrix}$$

这种方法如果数据多,写成一片,容易遗漏,也不容易检查,以第一种方法为宜。

(3)按行部分初始化。

```
int  a[2][3] ={{1, 2}, {3}};
```

二维数组在按照行初始化的时候,初值表里每行的元素个数可以少于定义时的列数。类似于一维数组的部分初始化,每行没有在初值表里给出初始值的元素自动为 0。初始化后各元素值为:

$$\begin{bmatrix} 1 & 2 & 0 \\ 3 & 0 & 0 \end{bmatrix}$$

(4)如果对全部元素都赋值,则定义的时候对第一维的长度可以不指定,但第二维的长度不能省。例如:

```
int  a[2][3] ={1, 2, 3, 4, 5, 6};
```

与下面的定义等价:

```
int  a[ ][3] ={1, 2, 3, 4, 5, 6};
```

系统根据数据总个数和第二维的长度计算出第一维的长度。此数组 a 共有 6 个元素,每行 3 个,可以确定行数为 2。如写成 int [2][] ={1,2,3,4,5,6};是不正确的。

也可以这样来部分初始化:

```
int  a[ ][3] ={{0, 1, 2}, {0, 0, 3}};
```

初始化后各元素值为:

$$\begin{bmatrix} 0 & 1 & 2 \\ 0 & 0 & 3 \end{bmatrix}$$

C 语言在定义数组和表示数组元素时采用 a[][]这种两个方括号的方式,对数组初始化十分有用,它使概念清楚,使用方便,不易出错。

5.2.3　二维数组应用举例

【例 5-6】下三角矩阵。打印一个 4×4 的数组,其上三角元素均为 0,下三角元素均为 1,并按数学形式输出。

分析:此题的数据结构显然应该用二维数组,而二维数组的 2 个下标的变化可以用双层循环实现,将二维数组的 2 个下标与双层循环变量的值相结合,以遍历二维数组中的每一个元素。

```
#include <stdio.h>
void main( )
{
  int i,j;
  int a[4][4];
  for(i=0;i<4;i++)        /*外循环遍历行*/
  {
    for(j=0;j<4;i++)        /*内循环遍历列*/
      if(i>=j)
        a[i][j]=1;                /*下三角*/
```

```
        else
          a[i][j]=0;                /*上三角*/
    }
    for(i=0;i<4;i++)
    {
      for(j=0;j<4;i++)
      printf("%4d",a[i][j]);        /*输出数列*/
    }
    printf("\n");                   /*换行*/
}
```

运行结果：

```
0   0   0   0
0   1   0   0
1   1   1   0
1   1   1   1
```

思考：如果需要上三角数组，程序应如何修改？如果需要 5×5 矩阵，程序应如何修改？

【例 5-7】 一个学习小组有 5 个人，每个人有三门课的考试成绩，如表 5-1 所示，求每人的平均成绩和各科平均成绩。

表 5-1　学生成绩表

Name	Math	C	English
张非	67	78	89
王良	78	87	81
李云	69	90	83
赵四	78	95	65
周公	76	89	67

分析：可设一个二维数组 a[5][3]存放五个人三门课的成绩，设一个一维数组 ave[5]为每人各科平均成绩，再设一个一维数组 v[3]存放所求得的各科平均成绩。程序如下：

```
#include <stdio.h>
void main( )
{
    int i,j;
    float  s=0, a[5][3],ave[5]={0},v[3]={0};
```

```
    printf("input score:\n");
    for(i=0;i<5;i++)
    {
        for(j=0;j<3;j++)
        {
            scanf("%f",&a[i][j]);
            s=s+a[i][j];
            v[j]=v[j]+a[i][j];
        }
        ave[i]=s/3;
        s=0;
    }
    for(i=0;i<3;i++)
        v[i]=v[i]/5;
    printf("average of students:\n");
    for(i=0;i<5;i++)
    printf("student %d: %.2f\n",i,ave[i]);
    printf("averageof course:\nmath:%.2f\nc:%.2f\nEnglish:%.2f\n",v[0],v[1],v[2]);
}
```

程序运行如下:

```
input score:
67   78   89↵
78   87   81↵
69   90   83↵
78   95   65↵
76   89   67↵
average of students:
student 0: 78.00
student 1: 82.00
student 2: 80.67
student 3: 79.33
student 4: 77.33
average of course:
math: 73.60
c: 87.80
English: 77.00
```

程序中首先用了一个双重循环。在内循环中依次读入某一学生的各门课程的成绩,并把这些成绩累加起来,退出内循环后再把该累加成绩除以 3 送入 ave[i]之中,这就是该学生的平均成绩。外循环共循环 5 次,分别求出三门课各自的总成绩并存放在 v 数组之中。退出外循环之后,把 v[0]、v[1]、v[2]除以 5 即得到各科总平均成绩。最后按题意输出各个成绩。

5.3   字 符 数 组

用来存放字符量的数组称为字符数组。通常使用的字符数组是一维数组,其元素的类型是字符类型。一个字符数组元素中存放一个字符。

5.3.1   字符数组的定义

字符数组的一般定义形式是:

char   数组名[整型常量表达式];

char   数组名[整型常量表达式 1][整型常量表达式 2];

如:char   name[10];说明 name 为一维字符数组,可以存放 10 个字符;

name[0]='I'; name[1]1=' '; name[2]='a'; name[3]='m'; name[4]=' ';

name[5]='h'; name[60]='a'; name[7]='p'; name[8]='p'; name[9]='y';

char   a[3][10];说明 a 为二维字符数组,可以存放 3 个长度为 10 的字符串;

说明:由于字符类型与整型是互相通用的,因此也可以定义一个整型数组,用它存放字符数据,例如:

int c[10];

c[0]='a';   /* 合法,但是浪费存储空间 */

5.3.2   字符数组的初始化

(1)用字符常量作为初值符,对字符数组进行初始化。

char   s[11]={'p','r','o','g','r','a','m','m','i','n','g'};

(2)用字符串直接对字符数组初始化。

char   c[15]= "Beijing";

char   c[15]= {"Beijing"};

注意:字符串是以空字符\0 作为结束标志,下述两种初始化方式就有差别:

char   b1 []= {'C','h','i','n','a'}; /* 数组长度是 5,存储空间是 5 */

char   b2 []= {"China"};   /* 数组长度是 6,存储空间是 6 */

与此等价的字符常量赋值形式为;

```
char    b2[ ] = { 'C','h','i','n','a' ,'\0'};
```

如果指定的字符数组的大小恰好等于字符串中的字符个数,那么字符串结束标志'\0'就不被放入字符数组中。

```
char    t[ ] = "abc";              /* 数组长度是 4,存储空间是 4 */
char    s[3] = "abc";              /* 数组长度是 3,存储空间是 3 */
```

它们等同于:

```
char    t[ ] = {'a','b','c','\0'};
char    s[ ] = {'a','b','c'};
```

char c[3][10]={"Beijing","Shanghai","Tianjin"};说明二维字符数组,可以存放 3 个长度为 10 的字符数组,其在内存中的存储形式,如图所示:

B	e	i	j	i	n	g	\0		
S	h	a	n	g	h	a	i	\0	
T	i	a	n	j	i	n	\0		

注意:如果字符数串有 n 个元素,则说明时应将其说明为 n+1 的数组。

【例 5-8】 对字符数组初始化,然后打印出各个元素的字符和相应的 ASCII 码值。

```
#include<stdio. h>
void main( )
{
    int   i;
    char    c[12]={"In Shanghai"};
    for(i=0;i<12;i++)
        printf("%c=%d\n",c[i],c[i]);
        printf("\n%s\n",c);
}
```

运行结果:

```
i=73
n=110
 =32
S=83
h=104
a=97
n=110
```

```
g=103
h=104
a=97
i=105
=0
In Shanghai
```

对字符数组初始化时,应该注意以下几点:

(1)对字符数组初始化时,初值表中提供的初值个数(即在一对花括号中的字符个数)不能大于给定数组的长度,否则按语法错误处理。

初值的个数可以小于数组的长度。在这种情况下,只将提供的字符依次赋给字符数组中前面的相应元素,而其余的元素自动补 0(即空字符′\0′的值)。

(2)如果想用提供的初始化字符个数来确定数组大小,那么在定义时可以省略数组大小,系统会自动根据初值个数确定数组长度,尤其在赋初值的字符个数较多时,比较方便。

5.3.3 字符串与字符串结束标志

在 C 语言中,没有字符串数据类型,对字符串的处理是用字符来完成的。字符串中的字符是逐个存放到字符数组元素中的。

1.字符串及其结束标志

所谓字符串,是指若干有效字符的序列。C 语言中的字符串,可以包括字母、数字、专用字符、转义字符等。

C 语言规定:以′\0′作为字符串结束标志(代表 ASCII 码为 0 的字符,表示一个空操作,只起一个标志作用)。因此可以对字符数组采用另一种方式进行操作:字符数组的整体操作。

注意:由于系统在存储字符串常量时,会在字符串尾自动加上 1 个结束标志,所以无需人为地再加 1 个′\0′。

另外,由于结束标志也要在字符数组中占用一个元素的存储空间,因此在说明字符数组长度时,至少为字符串所需长度加 1。

2.字符数组的整体初始化

字符串设置了结束标志以后,对字符数组的初始化,就可以用字符串常量来初始化字符数组。例如:

```
char c[ ]={"I am happy"};
```

也可以直接写成:

```
char c[ ]="I am happy";
```

注意:在此,系统会自动把字符串结束标志'\0'加上。因此,上面的初始化与下面的初始化等价:

```
char c[ ]={'I',' ','a','m',' ','h','a','p','p','y','\0'};
```

但是与下面的有区别:

```
char c[ ]={'I',' ','a','m',' ','h','a','p','p','y'};
```

前者的长度为 11,后者的长度为 10。

需要说明的是:字符数组并不要求它的最后一个字符为'\0',甚至可以不包含'\0',像前面的定义是完全合法的。

```
char s[11]={'p','r','o','g','r','a','m','m','i','n','g'};
```

是否需要加'\0',完全根据需要决定,关键是要能够方便地用字符数组来处理字符串。例如上面的字符串:

```
char c[ ]={"I am happy"};
```

如果想用一个新的字符串代替原来的字符串,则只需从键盘向字符数组输入:

```
Hello!
```

如果不加'\0'的话,字符数组中的字符如下:

```
Hello! appy
```

这样,新老字符串就连成一片,无法区分了。如果想输出字符数组中的字符串,则会输出 Hello! appy。

如果系统自动在"Hello!"后面加'\0',这样,在输出字符数组中的字符串时,遇到'\0'就结束,因此只输出字符串"Hello!",如图 5-4 所示。由此,可以看出在字符串末尾加'\0'的作用。

H	e	l	l	o	!	\0	a	p	p	y	\0

图 5-4　字符串自动加'\0'

【例 5-9】　删除已知字符串 s 中所有 ASCII 值为偶数的字符,形成新的字符串。程序如下:

```
#include <stdio.h>
void main( )
{
  int n=0,i;
  char s[]={"Hello everyone, Welcome to China. !"};
  for(i=0;s[i]! ='\0';i++)
  if(s[i]%2! = 0)
    s[n++]=s[i];
```

```
     s[n]='\0';
   puts(s);
}
```

运行结果:

eoeeyoeWecomeocia!

5.3.4　字符数组的输入与输出

字符数组的输入输出可以有两种方法。

(1)逐个字符输入输出。

用格式符"%c"输入或输出一个字符,如示例 5-8。

(2)将整个字符串一次输入或输出。

用格式符"%s"。例如:

```
char c[ ]={"I am happy"};
printf("%s",c);
```

输出结果为:

I am happy

注意:

(1)输出字符不包括字符串结束符'\0'。

(2)用格式符"%s"输出字符串时,printf 函数中的输出项是字符数组名,而不是元素名。写成下面的形式就是错误的。

```
printf("%s",c[0]);
```

(3)如果数组长度大于字符串的实际长度,也只输出到'\0'结束。例如:

```
char c[20]={"I am happy"};
printf("%s",c);
```

输出结果是有效字符"I am happy",而不是 20 个字符。这就是用字符串结束标志的意义所在。

(4)如果一个字符数组包含一个以上的'\0',则遇到第一个'\0'时输出就结束。

(5)可以用 scanf( )函数输入一个字符串。例如:

```
scanf("%s",c);
```

scanf 函数中的输入项 c 是已经定义的字符数组名,输入的字符串应短于已经定义的字符数组的长度,如果长于字符数组的长度,则运行时候会发生意想不到的错误。系统自动在字符串后面加结束标志'\0'。

如果利用一个 scanf( )函数输入多个字符串,则在输入的时候以空格、回车或制表符分隔。例如:

```
char str1[5], str2[5], str3[5];
scanf("%s%s%s",str1,str2,str3);
```

如果输入数据：

How are you?

输入后三个数组存储状态如图 5-5 所示。数组中未被赋值的元素的值自动置′\0′。若改为：

```
char str[13];
scanf("%s",str);
```

仍然输入数据：

How are you?

H	o	w	\0	\0
a	r	e	\0	\0
y	o	u	?	\0

图 5-5　字符串的输入

由于系统把空格作为分隔符号，所以只将空格前的字符"How"作为有效字符输入。其余的空间全部置′\0′。如图 5-6 所示。

H	o	w	\0	\0	\0	\0	\0	\0	\0	\0	\0	\0

图 5-6　空格作分隔符

注意：scanf 函数中的输入项 c 是已经定义的字符数组名，不要再加取地址符号 &，因为在 C 语言中数组名代表该数组的起始地址。下面的写法是错误的：

scanf("%s",&str);　等价于　scanf("%s",&str[0]);

但是，不推荐这种写法，因为这样会使程序不容易阅读，并且如果后面与指针和函数一起使用会容易出错。

5.3.4　常用的字符串处理函数

在 C 语言的几乎所有的编译环境的库函数中都提供了一些用来处理字符串的函数，使用非常方便。下面介绍几种常用的字符串处理函数。

1. 输出字符串——puts( )函数

（1）调用方式：puts(字符数组/字符串)；

（2）函数功能：把字符数组中所存放的字符串，输出到标准输出设备(如显示器)中去，并用′\n′取代字符串的结束标志′\0′。所以用 puts( )函数输出字符串时，不要求另加换行符。

（3）使用说明：

①字符串中允许包含转义字符,输出时产生一个控制操作。例如:

```
char str[ ]={"China \nBei jing"};
puts(str);
```

则结果是:

```
China
Bei jing
```

②该函数一次只能输出一个字符串,而 printf()函数也能用来输出字符串,且一次能输出多个,因此实际上 puts 函数用得不多。

2.输入字符串——gets( )函数

(1)调用方式:gets(字符数组);

(2)函数功能:从标准输入设备(如键盘)上输入 1 个字符串到字符数组中去,以回车键结束(即字符串可以包含空格)。该函数值是字符数组的起始地址。

(3)使用说明:

①gets( )读取的字符串,其长度没有限制,编程者要保证字符数组有足够大的空间,存放输入的字符串。

②该函数输入的字符串中允许包含空格,而 scanf()函数不允许。

注意:用 puts()和 gets( )函数一次只能够输出或输入一个字符串,下面的形式是错误的,应当避免:

```
puts(str1,str2); 或   gets(str1,str2);
```

3.字符串比较——strcmp( )函数

(1)调用方式:strcmp(字符串 1,字符串 2);其中字符串可以是字符串常量,也可以是一维字符数组名。

(2)函数功能:比较两个字符串的大小。

如果字符串 1 = 字符串 2,则函数返回值等于 0;

如果字符串 1 < 字符串 2,则函数返回值为负整数;

如果字符串 1 > 字符串 2,则函数返回值为正整数。

(3)使用说明:

①如果一个字符串是另一个字符串从头开始的子串,则母串为大。

②不能使用关系运算符"=="或">"来比较两个字符串,只能用 strcmp( )函数来处理。下面的形式是错误的:

```
if(str1>str2)
  printf("yes\n");
```

而只能使用:

```
if(strcmp(str1,str2)>0)
  printf("yes\n");
```

【**例 5-10**】 从键盘输入一字符串存于数组 str 中。将该字符串中的字符按原序和反序进行连接,形成一个新的字符串放在字符数组 t 中。

例如:存于数组 str 的字符串为"BAMC",则存于数组 t 的字符串将为"BAMCCMAB"。

程序如下:

```
#include <stdio. h>
void main( )
{
  char str[30],t[80];
  int   i,j;
  gets(str);
  for(i=0,j=0;str[i]! ='\0';i++)
    t[j++]=str[i];
  for(--i;i>=0;i--)
    t[j++]=str[i];
  t[j]='\0';
  puts(t);
}
```

【**例 5-11**】 简单密码检测程序。

```
#include <stdio. h>
void main( )
{
  char pass_str[80];
  while(1)                              /*检验密码*/
  {
    printf("Input passwords:\n");
    gets(pass_str);                     /*输入密码*/
    if (strcmp(pass_str,"password")! =0)     /*口令错*/
      printf("Invalid Password,Press any key to continue! \n");
    else
      break;              /*输入正确的密码,中止循环*/
  }
}
```

4. 拷贝字符串——strcpy( )函数

(1)调用方式:strcpy(字符数组,字符串);其中字符串可以是字符串常量,也可以是字符数组。

(2)函数功能:将字符串完整地复制到字符数组中,字符数组中原有内容被覆盖。

(3)使用说明:

①字符数组必须定义得足够大,以便容纳复制过来的字符串。复制时,连同结束标志′\0′一起复制。

②不能用赋值运算符"="将一个字符串直接赋值给一个字符数组,只能用strcpy()函数来处理。

【例 5-12】 拷贝字符串。

```
#include <stdio. h>
#include <string. h>
void main( )
{
    char st1[15],st2[]="C Language";
    strcpy(st1,st2);
    puts(st1);
    printf("\n");
}
```

执行后 str1 的存储状态如图 5-7 所示。

C		L	a	n	g	u	a	g	e	\0	\0	\0	\0	\0

图 5-7 strcpy( )函数的执行

5. 连接字符串——strcat()函数

(1)调用方式:strcat(字符数组,字符串);

(2)函数功能:把字符串连接到字符数组中的字符串尾端,并存储于字符数组中。字符数组中原来的结束标志,被字符串的第一个字符覆盖,而字符串在操作中未被修改。

(3)使用说明:

①由于没有边界检查,编程者要注意保证字符数组定义得足够大,以便容纳连接后的目标字符串;否则,会因长度不够而产生问题。

②连接前两个字符串都有结束标志′\0′,连接后字符数组中存储的字符串的结束标志′\0′被舍弃,只在目标串的最后保留一个′\0′。

【例 5-13】　连接字符串。

```
#include <stdio.h>
#include <string.h>
void main( )
{
    char st1[20]="My name is";
    char st2[10];
    printf("input your name:\n");
    gets(st2);
    strcat(st1,st2);
    puts(st1);
}
```

如果输入字符串：Li Ming

则输出：My name is Li Ming

执行前后的存储状态变化如图 5-8 所示。

| st1: | M | y | | n | a | m | e | | is | | \0 | \0 | \0 | \0 | \0 | \0 | \0 | \0 | \0 | \0 |
| st2: | \0 | \0 | \0 | \0 | \0 | \0 | \0 | \0 | \0 | \0 |

（a）执行前

| st1: | M | y | | n | a | m | e | | is | | L | i | | M | i | n | g | \0 | \0 | \0 |
| st2: | L | i | | M | i | n | g | \0 | \0 | \0 |

（b）执行后

图 5-8　strcat( )函数的执行

6.求字符串长度——strlen( )函数（len 是 length 的缩写）

（1）调用方式：strlen(字符串)；

（2）函数功能：求字符串（常量或字符数组）的实际长度（不包含结束标志）。

【例 5-14】　求字符串长度。

```
#include <stdio.h>
#include <string.h>
void  main( )
{
    int k;
    char st[ ]="C language";
    k=strlen(st);
    printf("The length of the string is %d\n",k);
}
```

7.将字符串中大写字母转换成小写——strlwr( )函数

(1)调用方式:strlwr(字符串);

(2)函数功能:将字符串中的大写字母转换成小写,其他字符(包括小写字母和非字母字符)不转换。

8.将字符串中小写字母转换成大写——strupr( )函数

(1)调用方式:strupr(字符串);

(2)函数功能:将字符串中小写字母转换成大写,其他字符(包括大写字母和非字母字符)不转换。

【例 5-15】 读程序,说出程序的运行结果。

```
# include <stdio. h>
# include <string. h>
void main ( )
{
  char str[]="ABcdEFG123";
  puts(strupr(str));
  puts(strlwr(str));
}
```

运行结果:

```
ABCDEFG123
abcdefg123
```

5.4 数组应用举例

【例 5-16】 输入一行字符,统计其中的英文字母、数字字符、空格及其他字符的个数。

```
# include <stdio. h>
# include <string. h>
void main()
{
  char str[81];
  int i,space, letter,digit,other;
  i = space = letter = digit = other = 0;
  gets(str);
  while(str[i] ! = '\0')
  {
```

```
        if ((str[i] <= 'z' && str[i] >= 'a') || (str[i] <= 'Z' && str[i] >= 'A'))
            ++letter;
        else if (str[i] <= '9' && str[i] >= '0')
            ++digit;
        else if (str[i] == 32)                          /* 空格的 ASCII 码值为 32 */
            ++space;
        else
            ++other;
        ++i;
    }
    printf("The number of letter is %d\n", letter);
    printf("The number of digit is %d\n", digit);
    printf("The number of space is %d\n", space);
    printf("The number of other character is %d\n", other);
}
```

【例 5-17】　编程实现从键盘任意输入 20 个整数,统计非负数个数,并计算非负数之和。

```
#include <stdio.h>
void main( )
{
    int a[20],i, count = 0, sum = 0;
    for(i = 0; i < 20; i++)
        scanf("%d", &a[i]);
    for(i = 0; i < 20; i++)
    {
        if (a[i] >= 0)
        {
            ++count;
            sum += a[i];
        }
    }
    printf("The number of non-negative number is %d\n", count);
    printf("The sum of all non-negative number is %d\n",sum);
}
```

【例 5-18】 把一个整数按大小顺序插入已排好序的数组中。

编程思路:为了把一个数按大小插入已排好序的数组中,应首先确定排序是从大到小还是从小到大进行的。设排序是从大到小排序的,则可把欲插入的数与数组中各数逐个比较,当找到第一个比插入数小的元素 i 时,该元素之前即为插入位置。然后从数组最后一个元素开始到该元素为止,逐个后移一个单元。最后把插入数赋予元素 i 即可。如果被插入数比所有的元素值都小则插入最后位置。程序如下:

```c
#include <stdio.h>
void main( )
{
  int i,j,s,n,a[11]={127,3,6,28,54,68,87,105,162,18};
  for(i=0;i<9;i++)
  for(j=9;j>i;j--)
    if(a[j]>a[j-1])
    {
      s=a[j];
      a[j]=a[j-1];
      a[j-1]=s;
    }
  printf("\ninput a number:\n");
  scanf("%d",&n);
  for(i=0;i<10;i++)
    if(n>a[i])
    {
      for(s=9;s>=i;s--)
        a[s+1]=a[s];
      break;
    }
  a[i]=n;
  for(i=0;i<=10;i++)
    printf("%d",a[i]);
}
```

本程序首先对数组 a 中的 10 个数从大到小用冒泡法排序并输出排序结果。然后输入要插入的整数 n。再用一个 for 语句把 n 和数组元素逐个比较,如果发现有 n>a[i] 时,则由一个内循环把 a[i] 以下各元素值顺次后移一个单元。后移应从后向前进行(从 a[9]开始到 a[i]为止)。后移结束后跳出外循环。插入点为 a[i],把 n 赋予 a[i]即可。如果所有的元素均大于被插入数,则并未进行过后移工作。此时 i=10,结果是把 n 赋予 a[10]。最后一个循环输出插入数 n 后的数组各元素值。

程序运行时,如果输入数 47,则从结果中可以看出 47 已插到 54 和 28 之间。

【例 5-19】 在二维数组 a 中选出各行最大的元素组成一个一维数组 b。

如果数组 a 是 $\begin{bmatrix} 3 & 16 & 87 & 65 \\ 4 & 32 & 11 & 108 \\ 10 & 25 & 12 & 37 \end{bmatrix}$,则数组 b 是(87 108 37)。

编程思路:在数组 a 的每一行中寻找最大的元素,找到之后把该值赋予数组 b 相应的元素即可。程序如下:

```
#include <stdio.h>
void main( )
{
  int a[3][4]={3,16,87,65,4,32,11,108,10,25,12,27};
  int b[3],i,j,max;
  for(i=0;i<3;i++)
  {
    max=a[i][0];
    for(j=1;j<4;j++)
      if(a[i][j]>max)
        max=a[i][j];
    b[i]=max;
  }
  printf("\narray a:\n");
  for(i=0;i<3;i++)
  {
    for(j=0;j<4;j++)
      printf("%5d",a[i][j]);
    printf("\n");
  }
  printf("\narray b:\n");
  for(i=0;i<3;i++)
    printf("%5d",b[i]);
}
```

程序中第一个 for 语句中又嵌套了一个 for 语句组成了双重循环。外循环控制逐行处理,并把每行的第 0 列元素赋予 max。进入内循环后,把 max 与后面各列元素比较,并把比 max 大者赋予 max。内循环结束时 max 即为该行最大的元素,然后把 max 值赋予 b[i]。等外循环全部完成时,数组 b 中已装入了 a 各行中的最大值。后面的两个 for 语句分别输出数组 a 和数组 b。

【例 5-20】 输入 5 个国家的名称按字母顺序排列输出。

编程思路:5 个国家名应由 1 个二维字符数组来处理。然而 C 语言规定可以把 1 个二维数组当成多个一维数组处理。因此本题又可以按 5 个一维数组处理,而每 1 个一维数组就是 1 个国家名字符串。用字符串比较函数比较各一维数组的大小,并排序,输出结果。程序如下:

```c
#include <stdio.h>
void main( )
{
    char st[20],cs[5][20];
    int i,j,p;
    printf("input country's name:\n");
    for(i=0;i<5;i++)
        gets(cs[i]);
    printf("\n");
    for(i=0;i<4;i++)
    {
        for(j=4;j>i;j--)
        if(strcmp(cs[j],cs[j-1])<0)
        {
            strcpy(st,cs[j]);
            strcpy(cs[j],cs[j-1]);
            strcpy(cs[j-1],st);
        }
    }
    for(i=0;i<5;i++)
    {
        puts(cs[i]);
        printf("\n");
    }
}
```

本程序的第一个 for 语句中,用 gets 函数输入 5 个国家名字符串。上面说过 C 语言允许把 1 个二维数组按多个一维数组处理,本程序说明 cs[5][20]为二维字符数组,可分为 5 个一维数组 cs[0],cs[1],cs[2],cs[3],cs[4]。因此在 gets 函数中使用 cs[i]是合法的。在第二个 for 语句中又嵌套了一个 for 语句组成双重循环,利用冒泡法和 strcmp 函数对字符串进行排序。最后用一个 for 循环输出已经排序的字符串。

【**例 5-21**】 7 个评委给某个参赛选手打分(分数存于数组 a 中),去掉 1 个最高分和 1 个最低分,求该参赛选手的平均分数。

```c
#include <stdio.h>
void main( )
{
    int i;
    float a[7],max,min,ave;
    printf("Input array:\n");
    for(i=0;i<7;i++)
        scanf("%f",&a[i]);
    max=min=ave=a[0];
    for(i=1;i<7;i++)
    {
        ave+=a[i];
        if(max<a[i])      max=a[i];
        if(min>a[i])      min=a[i];
    }
    ave=(ave-max-min)/5;
    printf("MARK=%.2f",ave);
}
```

小 结 5

数组是相同类型的数据集合,采用相同的变量名和不同的下标来区分数组的不同元素,即数据元素通过数组名和下标来引用。根据数组小标个数的多少可将数组分为一维数组、二维数组及多维数组。一维数组可看成数列,二维数组可看成是矩阵或表格。

数组定义的时候在[]中给出的常量 N,表明数组的元素小标取值范围是 0～N-1,但 C 语言不会对数组越界进行检查。在定义数组的时候可以对其赋初值。数组定义后,将按行优先给它分配连续内存区域来存放数据,数组名表示该连续存储区域的首地址。

C语言有着强大的字符处理能力,一维字符数组可存储一个字符串,二维字符数组可存储多个字符串。C语言提供了专门的字符串处理函数以方便地将字符数组作为一个整体来进行处理。

冒泡法排序是常见的排序算法。

习 题 5

一、选择题

1. 在 C 语言中,引用数组元素时,其数组下标的数据类型允许的是( )。

    A. 整型常量   B. 整型表达式

    C. 整型常量或整型表达式   D. 任何类型的表达式

2. 以下对一维整型数组 a 的正确定义是( )。

    A. int a(10);   B. int n=10,a[n];

    C. int n;scanf("%d",&n);int a[n];   D. ♯define SIZE 10 int a[SIZE];

3. 若二维数组 a 有 m 列,则计算任意元素 a[i][j]在数组中位置的表达式为( )。

    A. i∗m+j   B. j∗m+i

    C. i∗m+j−1   D. i∗m+j+1

4. 有两个字符数组 a,b,则以下正确的输入语句是( )。

    A. gets(a,b);   B. scanf("%s,%s",a,b);

    C. scanf("%s%s",&a,&b);   D. gets("a"),gets("b");

5. 下面程序段的运行结果是( )。

    char c[ ]= "\t\v\\\0will\n"; printf("%d",strlenC.);

    A. 14   B. 3

    C. 9   D. 字符串中非法字符,输出值不确定

6. 运行以下程序后,如果从键盘输入 china<回车>,则输出结果为( )。

```
♯ include<studio. h>
void main( )
{
    int v1=0,v2=0;
    char ch;
    while((ch=getchar( )! = '\n')
```

```
switch(ch)
{
    case 'a':
    case 'h':
    default:v1++;
    case '0':v2++;
}
printf("%d,%d \ n",v1,v2);
}
```
A. 2,0   B. 5,0   C. 5,5   D. 2,5

二、填空题

1. 在 C 语言中,数组的各元素必须具有相同的_____,元素的下标下限为_____,下标必须是正整数、0 或者_____。但在程序执行过程中,不检查元素下标是否_____。

2. 在 C 语言中,数组在内存中占一片_____的区域,由_____代表着它的首地址。数组名是一个_____常量,不能对它进行赋值运算。

3. 执行 static int b[5],a[ ][3]={1,2,3,4,5,6 };后,b[4]=_____,a[1][2] =_____。

4. 设有定义语句 static int a[3][4]={ {1},{2},{3}};则 a[1][0] =_____,a[1][1] =_____,a[2][1] =_____。

5. 如有定义语句 char a[]="windows",b[]="95";语句 printf("%s", strcat(a,b));的输出结果为_____。

三、程序阅读题

1. 下面程序的运行结果是_____。
```
#include<stdio. h>
void main( )
{
    int a[10]={3,4,5,6,7,8,9,10,11,12};
    int i,j;
    for(i=0;i<10;i++)
    {
        for(j=2;j<a[i];j++)
            if(a[i]%j==0)   break;
        if(j>=a[i])   printf("%3d",a[i]);
```

```
    }
      printf("\n");
  }
```

2. 下面的程序运行结果是_____。

```
  #include<stdio.h>
  void main( )
  {
      char ch[]="600";
      int a,s=0;
      for(a=0;ch[a]>='0'&&ch[a]<='9';a++)
        s=10*s+ch[a]-'0';
      printf("%d",s);
  }
```

3. 下面程序段的运行结果是_____ 。

```
  char str[]="abcdefg", c;
  int i, n=strlen(str);
  for(i=0; i<n/2; i++)
  {
      c=str(i);
      str(i)= str(n-1-i);
      str(n-1-i)=c;
  }
  printf("%s", str);
```

4. 下面的程序运行结果是_____。

```
  #include<stdio.h>
  void main( )
  {
      int p[8]={11,12,13,14,15,16,17,18}, i=0, j=0;
      gets(s);
      while(i++<=7)   if (p[i]%2)   j+=p[i];
      printf("%d\n", j);
  }
```

五、编程题

1. 编程实现将一个一维数组中的值按逆序重新存放并输出。例如,数组中原来的顺序是:1、2、3、4、5、6、7。要求改为:7、6、5、4、3、2、1。

2.输出以下形式的杨辉三角,要求输出行数能够根据输入整数 n 来控制。

```
1
1   1
1   2   1
1   3   3   1
1   4   6   4   1
1   5   10  10  5   1
...
```

3.从键盘输入一个英文句子,统计该句子中单词的个数,假设单词以空格分开。

4.找出一个二维数组中的鞍点,即该位置上的元素在该行上最大、在该列上最小,数组中也可能没有鞍点。

5.不使用 strlen()函数,编程实现:从键盘输入一个字符串,输出该字符串的长度。

6.从键盘输入两个字符串,将它们交替合并成一个新字符串并输出。 如 s1=″1234″,s2=″abcd″,则合并后 s3=″1a2b3c4d″。

第6章 Chapter 6 函数

教学目标

◇ 了解函数的定义、声明和调用。

◇ 熟练掌握函数之间参数的传递。

◇ 了解变量的生存期和有效期。

◇ 掌握递归函数的使用。

◇ 了解编译预处理。

◇ 了解模块化程序设计方法。

6.1 函数的引入

1. 为什么要使用函数

随着学习 C 语言程序设计的深入，编写的程序越来越多，代码越来越长。在实际的程序编写过程中，或多或少的会遇到以下几个问题。

(1)程序越来越长，难于理解、不易于查找且可读性下降。

(2)重复代码增多，某段程序可能被执行多次。

(3)某一问题中的代码，无法在其他同类问题中再用，必须重复原来的设计编码过程。

【例 6-1】 从键盘输入两个字符串，这两个字符串代表两个不同的日期，对输入的两个日期进行合法性检查(正确的输入格式例如：2010-12-10)。

程序代码如下：

```
#include <string.h>
#include <stdio.h>
  void main()
  {
    char date1[20],date2[20]; /* 两个字符数组，表示两个不同的日期 */
    int i;
    printf("please input the first date:yyyy/mm/dd\n");
    scanf("%s",date1);
```

```
printf("please input the second date:yyyy/mm/dd\n");
scanf("%s",date2);    /* 检查日期 date1 的有效性,是否含有非法字符 */
if(strlen(date1) ！ ＝ 10)
{ printf("the length of date1 is not correct! \n"); }
else
{   for(i ＝ 0;i＜10;i＋＋)
    {   if (i ＝ ＝ 4 || i＝＝ 7)
        {   if (date1[i] ！ ＝ '－')
                printf("the split character is not correct\n");
        }
        else if (! (date1[i]＜＝'9' && date1[i]＞＝'0'))
                printf("the date1 contains invalid characters! \n");
    }
}
/* 检查日期 date2 的有效性,是否含有非法字符 */
if(strlen(date2) ！ ＝ 10)
{   printf("the length of date2 is not correct! \n");   }
else
{   for(i ＝ 0;i ＜ 10;i＋＋)
    {   if (i ＝ ＝ 4 || i＝＝ 7)
        {   if (date2[i] ！ ＝ '/')
                printf("the split character is not correct\n"); }
        else if (! (date2[i]＜＝'9' && date2[i] ＞＝'0'))
                printf("the date2 contains invalid characters! \n");
    }
}
/* 计算间隔日期 */
...
}
```

　　上述有关两个日期合法性的检查,除了检查对象 date1 和 date2 不同之外,其他的代码完全一样,是重复的代码,但是却不得不写两次。如果是多个日期的检查,又要重复编写代码。其实 C 语言中提供的函数能够非常好的解决代码重复的问题。

2. 什么是函数

　　一个较大的程序一般应分为若干个程序模块,每一个模块用来实现一定的功能。所有的高级语言中都有子程序这个概念,用子程序来实现模块功能。在 C

语言中,子程序的作用是由函数来完成的。

函数是功能独立、具有独立逻辑意义的程序段,能够有效地分解复杂的描述,控制程序规模和复杂性。

3.使用函数的好处

(1)函数可以被多次调用,减少程序长度,保持函数意义的一致性。

(2)增加程序可读性。

(3)模块化、结构化更强。

C 语言提倡把一个大问题划分成许多个小块,每一小块编制一个函数。这样 C 程序是由许多小函数而不是由少量大函数构成。

4.C 程序设计语言中的函数

C 源程序是由函数组成的。虽然在前面各章的程序中大都只有一个主函数 main(),但实用程序往往由多个函数组成。函数是 C 源程序的基本模块,通过对函数模块的调用实现特定的功能。C 语言中的函数相当于其他高级语言的子程序。C 语言不仅提供了极为丰富的库函数,还允许用户建立自己定义的函数。用户可把自己的算法编成一个个相对独立的函数模块,然后用调用的方法来使用函数。可以说 C 程序的全部工作都是由各式各样的函数完成的,所以也把 C 语言称为函数式语言。

由于采用了函数模块式的结构,因此 C 语言易于实现结构化程序设计,使程序的层次结构清晰,便于编写、阅读和调试。

在 C 语言中可从不同的角度对函数进行分类。

(1)从函数定义的角度看,C 语言函数可分为库函数和用户定义函数两种。

库函数:由 C 系统提供,用户无须定义,也不必在程序中作类型说明,只需在程序前包含有该函数原型的头文件即可在程序中直接调用。在前面各章的例题中反复用到的 printf、scanf、getchar、putchar、gets、puts、strcat 等函数均属此类。

用户定义函数:由用户按需要写的函数。对于用户自定义函数,不仅要在程序中定义函数本身,而且在主调函数模块中还必须对该被调函数进行类型说明,然后才能使用。

(2)C 语言的函数兼有其他语言中的函数和过程两种功能,从这个角度看,可把 C 语言函数分为有返回值函数和无返回值函数两种。

有返回值函数:此类函数被调用执行完后将向调用者返回一个执行结果,称为函数返回值。如数学函数即属于此类函数。由用户定义的这种要返回函数值的函数,必须在函数定义和函数说明中明确返回值的类型。

无返回值函数:此类函数用于完成某项特定的处理任务,执行完成后不向调用者返回函数值。这类函数类似于其他语言的过程。由于函数无须返回值,用户在定义此类函数时可指定它的返回值为"空类型",空类型的说明符为"void"。

（3）从主调函数和被调函数之间数据传送的角度看,又可将 C 语言函数分为无参函数和有参函数两种。

无参函数：函数定义、函数说明及函数调用中均不带参数。主调函数和被调函数之间不进行参数传送。此类函数通常用来完成一组指定的功能,可以返回或不返回函数值。

有参函数：也称为带参函数。在函数定义及函数说明时都有参数,称为形式参数（简称为"形参"）。在函数调用时也必须给出参数,称为实际参数（简称为"实参"）。进行函数调用时,主调函数将把实参的值传送给形参,供被调函数使用。

（4）C 语言提供了极为丰富的库函数,这些库函数又可从功能角度作以下分类。

字符类型分类函数：用于对字符按 ASCII 码分类：字母,数字,控制字符,分隔符,大小写字母等。

转换函数：用于字符或字符串的转换；在字符量和各类数字量（整型等）之间进行转换；在大、小写之间进行转换。

在 C 语言中,所有的函数定义,包括主函数 main 在内,都是平行的。也就是说,在一个函数的函数体内,不能再定义另一个函数,即不能嵌套定义。但是函数之间允许相互调用,也允许嵌套调用。

main 函数是主函数,它可以调用其他函数,而不允许被其他函数调用。因此,C 程序的执行总是从 main 函数开始,完成对其他函数的调用后再返回到 main 函数,最后由 main 函数结束整个程序。一个 C 源程序必须且只能有一个主函数。

6.2　函数定义的形式

为了使用用户自定义函数,用户必须首先定义完整的函数结构,再通过接口调用该函数以实现其功能。

1. 有参函数的定义

函数的定义就是确定函数的名称、参数、返回值的类型及函数的实现细节。

函数定义的一般形式为：

函数类型说明　函数名称（形式参数说明表）

{　　说明部分；

　　　执行语句部分；

}

说明：

（1）函数类型说明和函数名称为函数头（函数首部）。函数类型说明指明了本函数的类型,函数的类型实际上是函数返回值的类型。该数据类型与前面介绍的各种说明符相同。

(2)函数名称是调用该函数的标识,以标识符命名,除此之外,函数名还是函数装载到内存后,该函数在内存中的其实地址。

(3)函数名后有一个括号,其中包含有参数。在形参名表中给出的参数称为形式参数,它们可以是各种类型的变量,各参数之间用逗号间隔。在进行函数调用时,主调函数将赋予这些形式参数实际的值。形参既然是变量,就必须在形参表中给出形参的类型说明。

(4){}中的内容称为函数体。在函数体的说明部分,是对函数体内部所用到的变量的类型说明。如:

```c
int CheckDate(char date[ ])
{ if(strlen(date) ! = 10)
    {  printf("the length of date is not correct! \n");
       return 0;
    }
   else
    {  for(i = 0;i < 10;i++)
       if (i = = 4 || i= = 7)
        {   if (date [i] ! = '−')
            printf("the split character is not correct\n");
            return  0 ;
        }
       else if (! (date [i]<='9' && date [i]>='0'))
        {   printf("the date1 contains invalid characters! \n");
            return  0 ;
        }
    }
   return  1;
}
```

在这个例子中,函数的数据类型为 int,函数名称为 CheckDate,函数的形式参数为 char date[ ]。这个函数的主要功能就是完成对日期的检查。

K&R C(经典 C)允许使用另一种方法对形参类型作说明,即对形参类型进行单独说明。例如:

```
int max(x,y)
int x, y;
{...   }
```

相当于：

```
int max(int x,int y)
{   ...   }
```

2. 无参函数的定义

函数定义的一般形式为：

　　　函数类型说明　函数名称（）
　　{　说明部分；
　　　　执行语句；
　　　}

无参数类型函数的定义与一般形式函数的定义不同之处，在于没有参数。函数名称后有一个空括号，但括号不可省略。例如：

```
int func( )
{   ...   }
```

库函数 getchar( )也是无参数类型的函数。

较好的做法是没有参数时，参数的列表为 void。

在以前章节我们只定义主函数 main，由于定义的主函数既没有返回值，也没有参数，所以其定义格式总是：

```
void main(void)
{   ...   }
```

3. 无返回值类型函数的定义

函数定义的一般形式为：

　　　void 函数名（形式参数说明表）
　　{　说明部分；
　　　　执行语句；
　　　}

函数如果确定不带回返回值，那么它的函数类型或者返回值类型必须指明为：void。

例如：

```
void printStar(int n)              / * 根据 n 来输出 * 号 * /
{printf("* * * * * * * * * *");}
```

库函数 clrscr ( )也是无参数类型和无返回值的函数。

4. 默认返回值类型函数的定义

函数定义的一般形式为：

函数名称(带类型的形参名表或无参数)

    ⎰   说明部分；

         执行语句；

    ⎱ }

如果函数定义时未明确指明其返回值类型，那么函数就有默认的返回值类型。

例如：

```
min(int x,int y)            /*找出两个数中较小的一个*/
{  ...  }
```

如果采用默认返回值的形式定义，那么这个函数默认的返回值类型就是 int。即它等价于

```
int min(int x,int y)
{  ...  }
```

注意：默认返回值类型和无返回值类型是有区别的，默认返回值类型为 int，无返回值类型为 void。

6.3　函数的参数和返回值

6.3.1　形式参数和实际参数

在调用函数时，大多数情况下，主调函数和被调函数之间有传递关系，这就是所提到的有参函数。在定义函数时，函数名后面括号中的变量名称为形式参数（简称"形参"）；在调用函数时，函数名后面括号中的表达式称为实际参数（简称"实参"）。例如：

```
#include <stdio.h>
void main( )
{ int a,b,c;
   scanf( %d%d ,&a,&b);
   c=max(a,b);
   printf( Max is %d ,c);
int max (int x, int y)
```

```
c=max(a , b); (main函数中a、b为实参)

max(x , y); (max函数中x、y为形参)
int x,y
{int z;
z=x>y? x:y
return(z)
}
返回z的值
```

```
{ int z;   if (x>y)
z=x;
else
z=y;
  return (z);
}
```

说明:

(1)在定义函数中指定的形参变量,在未出现函数调用时它们不占内存中的存储单元,只有在发生函数调用时,函数(如 max)中的形参才被分配内存单元,在调用结束后,形参所占的内存单元也被释放。

(2)实参可以是常量,变量或表达式。

例如:max (3, a+b);

但要求它们有确定的值,在调用时将实参的值赋给形参变量。

(3)在被定义的函数中必须指定形参的类型。

(4)实参与形参的类型应一致,否则会发生"类型不匹配"的错误,但字符型与整型可以通用。

(5)C 语言规定,实参对形参的数据传递是"值传递",即单向传递,只能由实参传给形参,而不能由形参传回给实参。

在内存中,实参单元(a,b)和形参单元(x,y)是不同的单元。在调用函数时,给形参分配存储单元,并将实参 a、b 对应的值 1、2 分别传递给形参 x、y,从而使得 x=1,y=2。函数调用结束后,形参单元(x,y)被释放,形参 x、y 由系统随机给定一个值,例如 x=5,y=8,而实参单元仍保留并维持原值 a=1,b=2,如图 6-1 所示。

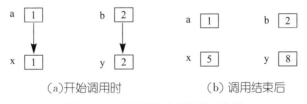

(a)开始调用时　　　　　　(b)调用结束后

图 6-1　实参和形参之间的单向传递

6.3.2　函数的返回值

1. 用 return 语句获得函数的返回值

调用函数的目的是完成一个具体的任务,任务完成以后可以通过函数返回一个值。函数值通过 return 语句返回,return 语句的一般形式如下:

return (表达式);或 return 表达式;

return 语句后面的括号可以省略。函数的返回值就是 return 语句中表达式的值。通过 return 语句将被调函数中的一个确定值带回主调函数中去。

return 语句有两点作用：

(1)将表达式的值返回给调用函数。

(2)终止函数的运行,返回到调用函数。

(3)一个函数中可以有一个或多个 return 语句,执行到哪个,哪个起作用;

例如,求最大值的函数也可以被定义为：

```
int max(int x,int y)
{   int z;
    if(x>y)
        return x;
    return y;
}
```

从 if 结构看,return 总会被执行,而事实上,如果 x>y 成立,则执行 return x,该语句不仅返回 x 的值,同时也中断了函数的执行返回到调用函数,所以 return y;不会被执行;如果 x>y 不成立,执行 return y;语句。

2. 函数值的类型

在定义函数时指定函数值的类型。例如：

```
int max(int x, int y);                    /* 函数值为整型 */
char letter(char c1, char c2);           /* 函数值为字符类型 */
double min(double x , double y);         /* 函数值为双精度浮点类型 */
```

3. 函数类型决定返回值的类型

如果函数值的类型和 return 语句中表达式的数据类型不一致,则以函数类型为准。对数值型数据,可以自动进行类型转换,即函数类型决定返回值的类型。例如：

```
void main( )                    int max(float x, float y)
{ float a, b;                   {   float z;
int c;                              z=x>y? x:y;
scanf("%f,%f",&a,&b);               return(z);
c=max(a,b);                     }
printf("Max is %d\n",c);
}
```

运行情况如下：

```
1.5,2.5
Max is 2
```

如果被调函数中没有 retrun 语句,则函数不带回一个确定的、用户所希望得到的函数值,但函数并非不带回值,而是不带回有用的值,带回的是一个不确定的值。

为了表示"不带回值",用"void"定义"无类型"(或称"空类型")函数,系统就保证不使函数带回任何值,即禁止在调用函数中使用被调函数的返回值。对于不返回值的函数,其返回类型应定义为 void,函数内可以用不带表达式的 return 语句。

注意:一旦函数被定义为空类型后,就不能在主调函数中使用被调函数的函数值了。为了使程序有良好的可读性并减少出错,凡不要求返回值的函数都应定义为空类型。

6.4　函数的调用

6.4.1　函数调用的一般形式

函数定义的目的是为了使用该函数以实现其功能。函数可以被其他函数甚至本函数引用,引用函数的函数成为调用函数,被引用的函数成为被调用函数。

函数调用的一般形式为:

函数名(实参表列);

如果是调用无参函数,则实参表列为空,但括号不能省略。如果实参表列包含多个实参则各参数间用逗号隔开。

在调用函数时,应按照函数定义时形参的类型、个数、顺序一一对应地给出实参表。所谓实参就是函数调用时需要传递给函数的实际数据。因此,根据形参的定义实参表的每一项数据可以去常量、变量、指针、表达式等。

实参表列的求值顺序并不是确定的,有的系统是自左至右,有的系统是自右至左,许多 C 版本(如 Turbo C)是按自右至左的顺序求值的。例如:

```
void main( )                    int f(int a,int b)

 {                              { int c;

  int i=2, p;                     if (a>b) c=1;

  p=f(i,++i);                     else if (a==b) c=0;

  printf("%d",p);                   else c=-1;

 }                                return c;

                               }
```

运行结果：

```
0
```

6.4.2　函数调用的方式

按函数在程序中的位置来分，有以下三种函数调用方式：

（1）语句形式。把函数调用作为一个语句。这时不要求带回值，只要求函数完成一定的操作。如：

```
printf("%d,%d\n",a,b);      /* 语句形式调用系统函数 */
```

（2）作为表达式的运算元素。函数出现在一个表达式中，这种表达式称为函数表达式，这时要求函数带回一个确定的值以参加表达式的运算。如：

```
c=2*sqrt(3.0);    /* 调用标准开方函数,其返回值参加表达式运算 */
```

（3）作为函数的参数。函数调用作为一个函数的实参。如：

```
m = max(a,max(b,c)); /* 外层的 max 的第二个实参是 max(b,c) */
```

6.4.3　对被调用函数的说明

1. 在一个函数中调用另一个函数需要具备的条件

（1）首先被调用的函数必须是已经存在的函数（库函数或用户自己定义的函数）。

（2）如果使用库函数，应该在本文件开头用♯include 命令将调用有关库函数时所用到的信息包含到本文件来。例如：

♯include ＜stdio. h＞

（3）如果使用用户自己定义的函数，而且该函数与调用它的函数在同一个文件，一般还应该在主调函数中对被调函数的返回值的类型作声明（或者说明）。

这种类型声明的一般形式为：

类型说明符　被调用函数的函数名（带类型及参数名或有类型无参数名 ）；

例如：

```
void main( )
{
    float add(float x,float y );              /* 对函数 add 进行说明 */
    float   a, b, c;
    scanf("%f,%f",&a,&b);
    c=add(a,b);
    printf("sum is %f",c);
}
    float add(float x, float y)
```

```
{
    float z;
    z=x+y;
    return( z );
}
```

运行情况如下:

```
3.6,5.5
sum is 9.100000
```

2.函数的"定义"和"声明"不同

(1)定义,是对函数功能的确立,包括指定函数值类型、函数名、形参及其类型、函数体等,它是一个完整的独立的函数单位。

(2)声明,则是对已定义的函数的返回值进行类型说明,它只包含函数名、函数类型以及形参,即函数的首部,不包括函数体。

3.无需"声明"的情况

C 语言规定,以下几种情况可以不需要在调用函数前对被调用函数进行声明。

(1)如果函数的值是整型或字符型,可以不必进行说明,系统对它们自动按整型说明。但为清晰起见,建议都加声明为好。

(2)如果被调用函数的定义出现在主调函数之前,可以不必声明。例如:

```
#include <stdio.h>
float add(float x,float y)
{
    float z;
    z=x+y;
    return( z );
}
void main( )
{
    float   a,b,c;
    scanf("%f,%f",&a,&b);
    c=add(a,b);
    printf("%f+%f=%f",a,b,c);
}
```

(3)如果已在所有函数定义之前,在文件的开头,在函数的外部已说明了函数类型,则在各个主调函数中不必对所调用的函数再作类型声明。例如:

```
#include <stdio.h>
char letter(char c1,char c2);        /*以下3行在所有函数之前作类型声明*/
float f(float x,float y);
int i(float j,float k);
void main()
{ ... }                              /*不必声明它调用的函数的类型*/
char letter(char c1,char c2)
{ ... }
float f(float x,float y)
{ ... }
int i(float j,float k)
{ ... }
```

6.5　函数的递归调用

1.递归的概念

一个函数直接或间接地调用自身,称为函数的递归调用。前者称为直接递归调用,后者称为间接递归调用。

2.递归的分类

(1)直接递归。直接递归指函数自己调用自己。例如:

```
int f(int x)
{
  int y, z;
  ...
  z=f(y);              /*函数调用自身*/
  ...
  return (2*z);
}
```

(2)间接递归:间接递归指递归函数间接地调用自己。例如:

```
int  f2( int x)                      int  f1(int x)
{                                    {
  int a, c;                            int y, z;
  ...                                  ...
  c=f1(a);  /*f2调用f1*/              z=f2(y);/*f1调用f2*/
  ...                                  ...
  return(3+c);                         return(2*z);
}                                    }
```

C 语言中所有的函数都是独立定义的,也就是说在函数的函数体内不能定义另一个函数,即不能嵌套定义函数,但可以嵌套调用函数。如:

```
int f1(...)
{  ...
   int f2(...)
   {
     ...
   }
}
```

【例 6-2】 写一递归函数求 x^n(n 为正整数)。

$$x^n = \begin{cases} 1 & n=0 \\ x * x^{n-1} & n>0 \end{cases}$$

```
#include <stdio.h>
int  power(int x, int n)
{
  int p;
  if(n>0)  p=power(x, n-1) * x;
  else  p=1;
  return(p);
}
void main( )
{
  int power(int x, int n);
  printf("%d\n", power(4, 3));
}
```

下面用一个示意图表示 power(4,3)递归调用的过程,如图 6-2 所示。

图 6-2 函数递归调用示意图

【例 6-3】 汉诺塔(Tower of Hanoi)游戏。这是一个典型的用递归方式解决的问题。游戏的说明为:在一块平板上装有三根垂直立柱,从左到右分别标为 A、B、C。最初在 A 柱上放有 64 个大小各不相等的圆盘,并且大的在下面,小的在上面,如图 6-3 所示。游戏要求把这些圆盘从 A 柱移到 C 柱上,在移动过程中可以借助 B 柱。移动规则要求:每次只能移动一个圆盘,就是说当游戏者从一个柱上取下一个圆盘,在把它串到另外的柱上之前,不允许又取下另外的圆盘;而且在移动过程中,三根柱上的圆盘都必须保持"大盘在下,小盘在上"的状态。编写程序实现游戏进行过程。

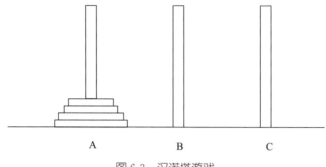

图 6-3　汉诺塔游戏

现在假设 A 柱上的盘子数目为 3,盘子从小到大的编号为 1、2、3。通过一个表 6-1 来记录盘子的移动过程。

表 6-1　汉诺塔游戏中 3 个盘子的移动过程

顺序	A 柱	B 柱	C 柱
开始	123		
第 1 次	23		1
第 2 次	3	2	1
第 3 次	3	12	
第 4 次		12	3
第 5 次	1	2	3
第 6 次	1		23
第 7 次			123

从上面的三个盘子的移动过程中,可以得出 n 个盘子的移过程动如下:

①把 A 柱上 $n-1$ 个圆盘移到 B 柱上(借助 C 柱);

②把 A 柱上剩下的一个圆盘移到 C 柱上;

③把 B 柱上 $n-1$ 个圆盘移到 C 柱上(借助 A 柱)。

上面的第①步和第③步都是把 $n-1$ 个圆盘从一个柱子移到另一个柱子上,采取的方法是一样的,只是柱子的名字不同。程序如下:

```
/ * Tower of Hanoi * /
#include<stdio. h>
void movetower(int,char,char,char);
void movedisk(char,char);
```

```
    int i=0;
main( )
{
    int  n;
    for(; ;)
    {
        printf("Input  the  number of  disks:");
        scanf("%d",&n);
        if(n==0)  break;
        printf("\n\n");
        printf("The moving  step  is  as  below:\n");
        movetower( n,'A','C','B');
        printf("\t Total:%d\n\n",i);
    }
}
void movetower(int m,char from,char to,char using)
{
    if(m==1)
        movedisk(from,to);
    else
    {
        movedisk(m-1,from,using,to);
        movedisk(from,to);
        movetower(m-1,using,to,from);
    }
}
void movedisk (char  source,char  destination)
{
    i++;
    printf("%c ————>%c\n",source,destination);
}
```

运行结果:

Input the number of disks of hanoi tower:3 ←⏎ (用户输入)
The moving step is as below:
A ————>C

```
A ——————>B
C ——————>B
A ——————>C
B ——————>A
B ——————>C
A ——————>C
Total:7
```

一般来说,当一个问题含着递归关系且结构比较复杂时,采用递归调用将使程序变得简洁,代码紧凑,增加程序的可读性。但递归的使用是在牺牲时间和空间的基础上得到的。对于所用的变量,递归时往往用栈来保存。

在许多可以递归解法的问题中,并非一定要用递归解法,因为有时可以用比递归更有效、更直接的解法来解决。例如求 a,b 两整数的最大公约数可递归地描述为:

$$\gcd(a,b) = \begin{cases} a & a\%b == 0 \\ \gcd(b,a\%b) & a\%b! = 0 \end{cases}$$

递归方式:

```c
int gcd(int a, int b)
{
  if (a%b= =0)   return   b;
  else return (gcd(b, a%b));
}
```

非递归方式:

```c
int gcd(int a, int b)
{
  int temp;
  while(b! =0)
  {
    temp = a%b;
    a = b;
    b = temp;
  }
  return   a;
}
```

6.6　函 数 调 用 数 据 的 传 递 方 式

从前面举的例子可以看出,调用函数和被调用函数之间是通过至关重要的数据接口进行关联。数据接口主要反映在两个方面:

(1)调用函数通过实参将数据传送给被调函数形参。

(2)被调用函数通过 return 语句将结果返回给调用函数。

注意:通过 return 语句最多只能返回一个值,当函数需要得到多个返回结果时,通过 return 语句将无法实现结果回传,此时可采用指针方式实现,具体见第 7 章。

函数参数在传递数据时可以采用两种方式,分别是值传递方式和地址传递方式,具体如下文介绍。

6.6.1　值传递方式

当用常量、变量、数组元素或表达式作为实参时,相应的形参也应该是同类型的变量。这时,实参必须要有确定的值。调用函数时系统先计算实参的值,再将该值复制给对应的形参,实现单向传递。此种方式,在被调用函数中对形参变量的任何改变都不会影响实参的值。

【**例 6-4**】　写一函数,统计字符串中字母的个数。

```
/*功能:数组元素作为函数实参*/
#include <stdio.h>
int isalp(char c)
{
  if (c>='a'&&c<='z'||c>='A'&&c<='Z')
    return (1);
  else   return (0);
}
void main( )
{
  int i,num=0;
  char str[255];
  printf("Input  a  string:");
  gets(str);
  for(i=0;str[i]! ='\0';i++)
    if (isalp(str[i]))   num++;
```

```
  puts(str);
  printf("num=%d\n",num);
}
```

说明：

（1）用数组元素作实参时,只要数组类型和函数的形参类型一致即可,并不要求函数的形参也是下标变量。换句话说,对数组元素的处理按普通变量对待。

（2）在普通变量或下标变量作函数参数时,形参变量和实参变量是由编译系统分配的两个不同的内存单元。在函数调用时发生的值传送,是把实参变量的值赋予形参变量。

【例 6-5】 读程序,理解函数的传递调用。

```
#include <stdio.h>
void swap(int i ,int j)
{
  int t;
  t=i;i=j;j=t;
}
void main( )
{
  int i=1,j=0;
  swap(i,j);
  printf("i=%d,j=%d\n",i,j);
}
```

运行结果：

```
i=1,j=0
```

可以看出,swap()函数调用结果是将自己的形式参数 i 和 j 的值进行了交换,与实参变量 i、j(位于 main()函数内)无关。当调用 swap()函数时,将 main()函数中的 i 和 i 的值 1 和 0 拷贝给了 swap()函数的形式参数 i 和 j。因此,在 swap()函数中对 i 和 j 操作,不能改变 main()函数中变量 i 和 j 的值。

故而,例 6-5 的运行结果是:i=1,j=0;也就是 i、j 的值保持不变。

如果想通过函数调用改变实参变量的值,则需要用地址传递方式。

6.6.2 地址传递方式

地址传递方式可以用数组名作函数参数,此时实参与形参都用数组名(或指针变量,见第 8 章指针),调用函数时将内存对象的地址传递给形参指针变量,形参指向了内存对象。此种方式,在被调用函数中对形参变量的改变会影响实参的值。

【例 6-6】　已知某个学生 5 门课程的成绩,求平均成绩。

```
#include <stdio.h>
float aver(float a[ ])                    /*求平均值函数*/
{
    int i;
    float av,s=0;
    for(i=0;i<5;i++)   s += a[i];
      av=s/5;
    return av;
}
void main( )
{
    float sco[5],average;
    int i;
    printf("\ninput 5 scores:\n");
    for(i=0;i<5;i++)   scanf("%f",&sco[i]);
    average=aver(sco);                    /*调用函数,实参为一数组名*/
    printf("average score is %5.2f\n",average);
}
```

说明:

(1)用数组名作函数参数,应该在调用函数和被调用函数中分别定义数组,且数据类型必须一致,否则结果将出错。例如本例,形参组为 a[ ],实参组为 sco[ ],它们的数据类型均为 float。数组名也可以相同,但不表示同一个数组。

(2)因为 C 编译系统对形参数组大小不作检查,所以形参数组可以不指定大小。例如,本例中的形参数组 float a[5],也可以定义成 float a[ ]。实参将数组的首地址传给传给形参数组。因此,sco[n]和 array[n]指的是同一单元。

(3)如果指定形参数组的大小,则实参数组的大小必须大于等于形参数组,否则会因形参数组的部分元素没有确定值而导致计算结果错误。

思考:如果想求前 3 个人的平均成绩,应该怎样修改程序?

【例 6-7】　读程序,理解函数的传递调用。

```
#include <stdio.h>
void exchang(int b[ ],int n)
{ int temp,i,k;
    k=n/2;
    for(i=0;i<k;i++)
```

```
    {   temp=b[i];
        b[i]=b[n-1-i];
        b[n-1-i]=temp;   }
    }
void main( )
{
  int a[10]={10,20,30,40,50,60,70,80,90,100},i;
  printf("\n 逆序前数组 a 的元素为:");
  for(i=0;i<10;i++)
    printf("%d ",a[i]);
  exchang(a,10);
  printf("\n 逆序后数组 a 的元素为:");
  for(i=0;i<10;i++)
    printf("%d ",a[i]);
}
```

运行结果:

逆序前数组 a 的元素为:10,20,30,40,50,60,70,80,90,100

逆序后数组 a 的元素为:100 90 80 70 60 50 40 30 20 10

6.7　数据存储类别

变量的存储类别规定了变量的存在时间、可以引用的范围及其存放它的硬件等。

对一个变量的定义,需要指出两种属性:存储类别和数据类型。因此,变量的一般定义形式是:

　　　存储类别　类型　变量名列表;

C 语言提供了 4 种存储类型,分别用关键词表示如下:

①auto:自动存储类别;

②register:寄存器存储类别;

③extern:外部存储类别;

④static:静态存储类别。

6.7.1　自动变量

表示自动类的关键字是 auto。如:

[auto]　int　a;

使用自动变量时应注意以下几点:

（1）自动变量的作用范围局限于定义它所在的函数或用"{}"包含的复合语句中。

（2）关键字 auto 通常被缺省。

（3）在不同的函数中自动变量可以使用相同的名称，它们的类型可以相同或相异，彼此互不干扰，甚至可以分配在同一存储单元中。自动变量是随函数的引用而存在和消失的，这就是自动变量的动态性。

（4）函数的形参具有自动变量的属性，即它们的作用范围和保存的值仅限于它所在的函数内。但使用时应注意，在对形参的说明中不允许出现关键字 auto。

（5）在 C 语言中，函数是子程序结构。在函数中定义的变量都是自动变量。

【例 6-8】 函数中的 auto 存储类别变量的性质实例。

```c
#include  <stdio. h>
void mul( );
void main( )
{
  int b;
  for(b=1;b<=9;b++)
    mul( );
}
void mul ( )
{
  int k=1;
  int i;
  for(i=1;i<=9;i++)
    printf("%3d",k * i);
  printf("\n");
  k++;
}
```

运行结果：

```
1  2  3  4  5  6  7  8  9
1  2  3  4  5  6  7  8  9
1  2  3  4  5  6  7  8  9
1  2  3  4  5  6  7  8  9
1  2  3  4  5  6  7  8  9
1  2  3  4  5  6  7  8  9
1  2  3  4  5  6  7  8  9
1  2  3  4  5  6  7  8  9
1  2  3  4  5  6  7  8  9
```

程序分析:主函数中通过循环9次调用 mul 函数。Mul 函数中定义的变量 k、a 都是 auto 存储类别的变量,mul 函数每次调用输出 k×1 到 k×9 的积,然后 k ++,k 递增 1. 表面上看当下次调用 mul 函数时,k 如果能够保存上次调用递增的值就是可实现打印 9×9 的乘法表,但事实上从程序运行结果看,每次调用输出的都是 1×1 到 1×9。原因是 k 是 auto 存储类别的变量,当函数调用返回时,运行出了函数块,a 即消亡,其值也随之消亡。下次调用时又重新建立并赋初值为 1,所以 9 次 mul 函数的调用,每次 k 都在进入函数时建立,返回时消亡,无法保留上一次的结果。

6.7.2 外部变量

任何在函数之外定义的变量都叫做外部变量(即全局变量)。外部变量存储类既可用来描述一般变量,又可用来描述函数。函数的存储类一般都是外部的。

说明外部变量的一般形式是:

    extern　数据　变量名列表;

例如:

```
extern   int   i;
extern   double   x;
extern   float   num[10];
```

在使用外部变量时应注意以下几点:

(1)任何在函数之外定义的变量都是外部变量,此时,通常省略关键字 extern。

(2)外部变量的作用域为从变量的定义处开始,到本程序文件的末尾结束,在此作用域内,可以为程序中各个函数所使用。外部变量的值是永久保留的,存放在用户区的静态存储区中。

【例 6-9】 分析下面程序的运行情况。

源程序:

```
#include <stdio.h>
int x=1;                        /* declare external integer x */
void addone( )
{
  x=x+1;
  printf("add  1  to  make%d\n",x );
}

void subone( )
{
```

```
        x＝x－1；
        printf("subtract    1    to    make%d\n",x);
    }
    void   main( )
    {
        printf("x   begins   life   as%d\n",x );
        addone( );
        subone( );
        subone( );
        addone( );
        subone( );
        addone( );
        addone( );
        printf("so   x   winds   up   as%d\n",x);
    }
```

运行结果：

```
x   begins   life   as   1
add   1   to   make   2
subtract   1   to   make   1
subtract   1   to   make   0
add   1   to   make   1
subtract   1   to   make   0
add   1   to   make   1
add   1   to   make   2
so   x   winds   up   as   2
```

结果分析：本程序一开始就定义了外部变量 int x＝1，使得主函数向下运行时，可以运用外部变量，并且每一次值都是上一次调用结束后的值，如主函数第一次使用 subone，使 x 的值是第一次 addone 结束后 x 中的值。

（3）自动变量可以与外部变量同名（当然，最好有区别）。当按名存取时，优先使用自动变量。

（4）如果在一个文件中对外部变量先定义、后使用，那么在使用它们的函数中往往省略 extern 说明。否则，如果对外部变量使用在先、定义在后，那么在使用它们的函数中必须对它们进行 extern 说明。

外部变量可以集中说明，也可以分散说明。应当指出，定义外部变量和说明外部变量是不同的概念。

(5)C 程序可分开放在几个文件中。外部变量在一个文件中作了定义以后，在构成该程序的其他文件中使用它们时必须用关键字 extern 加以说明。

```
file1：                          file2：
  void main( )                   int   x;
  {                              func2( )
    extern   int   x;            {
    …                             …

                                  …
  }                              x++;
  func1( )                        …
  {                              }
    int   x;
    …

  }
```

在大型程序中，为了使多个外部变量的说明统一，避免重复或遗漏，可归并成一个文件。在使用它们的文件的开头写上文件包含行：#include <文件名>。

(6)函数本质上都是外部的。如果函数的定义在一个文件中，对它的调用在另一个文件中，那么在调用该函数的文件的开头应进行 extern 说明。

(7)外部变量不能作为寄存器变量。

在编程时使用外部变量有以下好处：

①在编程时使用外部变量有利于函数间共享多个数据。

②在编程时使用外部变量有利于外部变量增加各函数的联系渠道，从被调函数那里可以得到一个以上的返回值。

③在编程时使用外部变量有利于外部变量沟通信息，被调函数就能直接影响主调函数中所用到的数据。

但是，外部变量的副作用也不容忽视。所以，对外部变量要有节制地使用。

6.7.3　静态变量

静态变量的一般定义形式是：

    static　类型　变量名列表；

如：

```
static int m;        /* 定义 a 是静态整型变量 */
static double n;     /* 定义 d 是静态双精度变量 */
```

静态变量分为内部静态变量和外部静态变量，具体讲解如下。

1. 内部静态变量

在函数或分程序内部定义的静态变量是内部静态变量。例如：

```
int func( )
{
    static char   a;
    static int    b=0;
    float    d=1.0;
    ...
}
```

内部静态变量与自动变量有相似之处：都是在函数或者分程序内部定义的；它们的作用域相同，都局限于定义它们的函数(或分程序)。除了函数的形式参数之外，任何分程序内的变量都可以定义为静态变量。但是，它们之间又有重要区别：

(1)存储区和生存期不同。内部静态变量是在静态存储区内分配存储单元，在整个程序运行期间都不释放。自动变量占动态存储区空间而不占静态存储区空间，函数调用结束后即释放。

(2)初始化不同。内部静态变量是在编译时赋初值的，以后每次调用函数时不再重新赋初值而是保留上次函数调用结束时的值。自动变量赋初值不是在编译时进行的，而是在函数调用时进行，每调用一次函数重新给一次初值。

内部静态变量在定义时如果不赋初值，则在编译时对数值型变量自动赋初值0，对字符型变量自动赋初值空字符。自动变量如果不赋初值，则它的值是一个不确定的值。

【例 6-10】　自动变量和静态变量的应用。

```
#include   <stdio.h>
void mul( );
void main( )
{
    int b;
    for(b=1;b<=9;b++)
        mul( );
}
void mul ( )
{
    static int   k=1;   int i;
    for(i=1;i<=9;i++)
```

```
    printf("%4d",k*i);
  printf("\n");
  k++;
}
```

运行结果:

```
1   2   3   4   5   6   7   8   9
2   4   6   8   10  12  14  16  18
3   6   9   12  15  18  21  24  27
4   8   12  16  20  24  28  32  36
5   10  15  20  25  30  35  40  45
6   12  18  24  30  36  42  48  54
7   14  21  28  35  42  49  56  63
8   16  24  32  40  48  56  64  72
9   18  27  36  45  54  63  72  81
```

2.外部静态变量

外部静态变量是在函数之外定义的。例如:

```
static   int   a;
static   float   b;
int function1( )
{
  …
}
function2( )
{
  …
}
```

对于外部静态变量应注意以下几点:

(1)外部静态变量的作用域仅限于定义它的那个文件。

(2)外部静态变量的值具有永久性,不管程序由多少个文件组成,只要该程序还在执行,该值就继续保留。

6.7.4　寄存器变量

C语言中的寄存器变量与自动变量的性质基本相同,也具有局部性和动态性。

对寄存器变量的定义是在变量名及类型之前加上关键字 register,其一般形式是:

　　register 类型　变量名列表;

某些类型的自动变量可放在寄存器中,例如整型变量、字符型变量和指针变量等。分配寄存器的条件是:有空闲的寄存器并且变量所表示的数据长度不超过机器寄存器的长度。不能把浮点量、双精度量定义为寄存器变量。

下面程序中的变量 i 和 sum 分别是循环 1000 次的循环变量和累加 1000 次的变量,为了提高执行速度,将其定义为寄存器变量。

```
void main()
{
    register i,sum=0;
    for(i=1;i<=1000;i++)
        sum=sum+i;
    printf("s=%d\n",sum);
}
```

使用寄存器变量要注意三点:

(1)寄存器变量只适用于局部变量和函数的形式参数,它属于动态存储方式,凡需要采用静态存储方式的变量不能定义为寄存器变量。

(2)局部的静态变量也不能定义为寄存器变量。不能写成:

register static int a;

(3)取地址运算符 & 不能作用于寄存器变量。

各种存储类别变量的基本属性如表 6-2 所示。

表 6-2   各种存储类别变量的基本属性

存储类别	本函数（分程序内）		本函数之外		初始化		存储空间		能否用 &
	作用域	存在性	作用域	存在性	时间	次数	存储区	分配/释放	
自动变量	√	√	×	×	执行时	可多次	动态区	动态	√
寄存器变量	√	√	×	×	执行时	可多次	寄存器	动态	×
外部变量	√	√	√	√	编译时	一次	静态区	静态	√
内部静态变量	√	√	×	√	编译时	一次	静态区	静态	√
外部静态变量	√	√	√	√	编译时	一次	静态区	静态	√

6.8   编译预处理

6.8.1   概述

在前面各章中,已多次使用过以"＃"号开头的预处理命令。如包含命令 ＃include,宏定义命令 ＃define 等。在源程序中这些命令都放在函数之外,而且一般都放在源文件的前面,它们称为预处理部分。

所谓预处理是指在进行编译的第一遍扫描(词法扫描和语法分析)之前所做的工作。预处理是 C 语言的一个重要功能,它由预处理程序负责完成。当对一个源文件进行编译时,系统将自动引用预处理程序对源程序中的预处理部分作处理,处理完毕自动进入对源程序的编译。

预处理命令的一般格式为:

　　♯预处理命令　参数

如:♯define PI 3.1415926

define 是预处理命令,后面的是预处理命令的参数

预处理命令主要有 3 类,分别是宏定义、文件包含和条件编译。

合理地使用预处理功能编写的程序便于阅读、修改、移植和调试,也有利于模块化程序设计。下面分别介绍 3 种最主要的预处理命令。

6.8.2　宏定义

在 C 语言源程序中允许用一个标识符来表示一个字符串,称为"宏"。被定义为"宏"的标识符称为"宏名"。在编译预处理时,对程序中所有出现的"宏名",都用宏定义中的字符串去代换,这称为"宏代换"或"宏展开"。

宏定义是由源程序中的宏定义命令完成的。宏代换是由预处理程序自动完成的。

在 C 语言中,"宏"分为有参数和无参数两种。下面分别讨论这两种"宏"的定义和调用。

1.无参数宏定义

无参数宏定义的格式如下:

　　♯define　宏名　字符串

其中的"♯"表示这是一条预处理命令。凡是以"♯"开头的均为预处理命令。"define"为宏定义命令。"宏名"用标识符来命名。"字符串"可以是常数、表达式、格式串等。宏名和后面的字符串用一个或多个空格或通过制表符分隔,字符串中不能出现空格或制表符,某些场合也可以没有字符串。如:

♯define DEBUG　/* 只有宏名,而无字符串 */

在前面介绍过的符号常量的定义就是一种无参宏定义。此外,经常对程序中反复使用的表达式进行宏定义。例如:

♯define M (y * y+3 * y)

它的作用是指定标识符 M 来代替表达式(y * y+3 * y)。在编写源程序时,所有的(y * y+3 * y)都可由 M 代替,而对源程序作编译时,将先由预处理程序进行宏代换,即用(y * y+3 * y)表达式去置换所有的宏名 M,然后再进行编译。

【例 6-11】 无参数宏的应用。

```
#include <stdio.h>
#define N (y*y+3*y)
void main( )
{
    int s,y;
    printf("input a number：  ");
    scanf("%d",&y);
    s=3*N+4*N+5*N;
    printf("s=%d\n",s);
}
```

程序分析：程序中首先进行宏定义，定义 N 来替代表达式(y*y+3*y)，在 s=3*N+4*N+5*N 中作了宏调用。在预处理时经宏展开后该语句变为：

s=3*(y*y+3*y)+4*(y*y+3*y)+5*(y*y+3*y);

但要注意的是，在宏定义中表达式(y*y+3*y)两边的括号不能少。否则会发生错误。例如，当作以下定义后：

#define N   y*y+3*y

在宏展开时将得到下述语句：

s=3*y*y+3*y+4*y*y+3*y+5*y*y+3*y;

这相当于：

$3y^2+3y+4y^2+3y+5y^2+3y$;

显然与原题意要求不符。计算结果当然是错误的。因此在作宏定义时必须十分注意，应保证在宏代换之后不发生错误。

对于宏定义还要说明以下几点：

(1)宏定义是用宏名来表示一个字符串，在宏展开时又以该字符串取代宏名，这只是一种简单的代换，字符串中可以含任何字符，可以是常数，也可以是表达式，预处理程序对它不作任何检查。如有错误，只能在编译已被宏展开后的源程序时发现。

(2)宏定义不是说明或语句，在行末不必加分号，如加上分号则连分号也一起置换。

(3)宏定义必须写在函数之外，其作用域为宏定义命令起到源程序结束。C语言还提供了一个取消此前宏定义的预处理命令。

#undef 宏名

此命令使得宏定义的使用范围从定义开始到此命令结束。如：

【例 6-12】 宏终止。

```
#include <stdio.h>
#define PI 3.14159
void main()
{
  ...
}
#undef PI
f1()
{
  ...
}
```

表示 PI 只在 main 函数中有效，在 f1 中无效。

宏名在源程序中若用双引号括起来，则预处理程序不对其作宏代换。

(4)在程序中，如果宏名出现在字符串常量中，则不进行预处理的替代。如：

【例 6-13】 不作宏替代。

```
#include <stdio.h>
#define OK 100
void main()
{
  printf("OK");
  printf("\n");
}
```

上例中定义宏名 OK 表示 100，但在 printf 语句中 OK 被双引号括起来，因此不作宏代换。程序的运行结果为：OK；这表示把"OK"当字符串处理。

(5)宏定义允许嵌套，在宏定义的字符串中可以使用已经定义的宏名。在宏展开时由预处理程序层层代换。例如：

```
#define PI 3.1415926
#define S PI*y*y          /* PI 是已定义的宏名 */
```

对语句：

```
printf("%f",S);
```

在宏代换后变为：

```
printf("%f",3.1415926*y*y);
```

(6)习惯上宏名用大写字母表示，以便于与变量区别。但也允许用小写。

（7）可用宏定义表示数据类型，使书写方便。例如：

♯define　INTEGER　int

在程序中即可用 INTEGER 作整型变量说明：

INTEGER　a，b；

（8）对"输出格式"作宏定义，可以减少书写麻烦。

【例 6-14】　对"输出格式"作宏定义。

```
♯include <stdio.h>
♯define P printf
♯define D "%d\n"
♯define F "%f\n"
void main( )
{
  int a=5，c=8，e=11；
  float b=3.8，d=9.7，f=21.08；
  P(D F,a,b)；
  P(D F,c,d)；
  P(D F,e,f)；
}
```

2.带参数宏定义

C 语言允许宏带有参数。带参数的宏定义格式如下：

　　♯define　宏名（参数表）　含参数的字符串

对带参数的宏，在调用中，不仅要宏展开，而且要用实参去代换形参。

带参宏调用的一般形式为：

　　宏名（实参表）；

在宏定义中的参数称为形式参数，在宏调用中的参数称为实际参数。如：

```
♯define N(y) y*y+3*y        /*宏定义*/
...
k=N(5)；                    /*宏调用*/
...
```

在宏调用时，用实参 5 去代替形参 y，经预处理宏展开后的语句为：

　　k=5*5+3*5

【例 6-15】　求两个数的较小者。

```
#include <stdio.h>
#define MIN(a,b) (a<b)? a:b
void main( )
{
    int x,y,min;
    printf("input two numbers:");
    scanf("%d%d",&x,&y);
    min=MIN(x,y);
    printf("min=%d\n",min);
}
```

上例程序的第一行进行带参宏定义,用宏名 MIN 表示条件表达式(a<b)? a:b,形参 a,b 均出现在条件表达式中。程序第 8 行 min=MIN(x,y);为宏调用,实参 x,y,将代换形参 a,b。宏展开后该语句为:

min=(x<y)? x:y;

用于计算 x,y 中的小数。

宏定义的几点说明:

(1)带参宏定义中,宏名和形参表之间不能有空格出现。例如:

将#define MAX(a,b) (a>b)? a:b 写为:#define MAX (a,b) (a>b)? a:b

将被认为是无参宏定义,宏名 MAX 代表字符串 (a,b) (a>b)? a:b。宏展开时,宏调用语句:

min=MIN(x,y);将变为:min=(a,b) (a<b)? a:b(x,y);

这显然是错误的。

(2)在带参宏定义中,形式参数不分配内存单元,因此不必作类型定义。而宏调用中的实参有具体的值,要用它们去代换形参,因此必须作类型说明。这是与函数中的情况不同的。在函数中,形参和实参是两个不同的量,各有自己的作用域,调用时要把实参值赋予形参,进行"值传递"。而在带参宏中,只是符号代换,不存在值传递的问题。

(3)在宏定义中的形参是标识符,而宏调用中的实参可以是表达式。

【例 6-16】 宏调用中的实参是表达式。

```
#include <stdio.h>
#define SQ(y) (y)*(y)
void main( )
{
    int a,sq;
    printf("input a number:  ");
```

```
    scanf("%d",&a);
    sq=SQ(a+1);
    printf("sq=%d\n",sq);
}
```

上例中第一行为宏定义,形参为 y。程序第七行宏调用中实参为 a+1,是一个表达式,在宏展开时,用 a+1 代换 y,再用(y) * (y) 代换 SQ,得到如下语句:

```
sq=(a+1) * (a+1);
```

这与函数的调用是不同的,函数调用时要把实参表达式的值求出来再赋予形参。而宏代换中对实参表达式不作计算直接照原样代换。

(4)在宏定义中,字符串内的形参通常要用括号括起来以避免出错。在上例的宏定义中,(y) * (y)表达式的 y 都用括号括起来,因此结果是正确的。如果去掉括号,把程序改为以下形式:

【例 6-17】 宏调用中的实参是表达式,形参要用括号括起来。

```
#include <stdio. h>
#define SQ(y) y * y
void main( )
{
    int a,sq;
    printf("input a number:       ");
    scanf("%d",&a);
    sq=SQ(a+1);
    printf("sq=%d\n",sq);
}
```

运行结果:

```
input a number:3
sq=7
```

同样输入 3,但结果却是不一样的。问题在哪里呢? 这是由于宏代换只作符号代换而不作其他处理而造成的。宏代换后将得到以下语句:

```
sq=a+1 * a+1;
```

由于 a 为 3,故 sq 的值为 7。这显然与题意相违,因此参数两边的括号是不能少的。即使在参数两边加括号还是不够的。

【例 6-18】 宏定义中的整个字符串未加括号。

```
#include <stdio. h>
#define SQ(y) (y) * (y)
void main( )
```

```
{
    int a,sq;
    printf("input a number：     ");
    scanf("%d",&a);
    sq=160/SQ(a+1);
    printf("sq=%d\n",sq);
}
```

本程序与前例相比，只把宏调用语句改为：

```
sq=160/SQ(a+1);
```

运行本程序如输入值仍为 3 时，希望结果为 10。但实际运行的结果如下：

```
input a number：3
sq=160
```

为什么会得这样的结果呢？分析宏调用语句，在宏代换之后变为：

```
sq=160/(a+1)*(a+1);
```

a 为 3 时，由于"/"和"*"运算符优先级和结合性相同，则先计算 160/(3+1) 得 40，再计算 40*(3+1)最后得 160。为了得到正确答案应在宏定义中的整个字符串外加括号。

【例 6-19】 宏定义中的整个字符串外加括号。

```
#include <stdio.h>
#define SQ(y) ((y)*(y))
void main()
{
    int a,sq;
    printf("input a number：     ");
    scanf("%d",&a);
    sq=160/SQ(a+1);
    printf("sq=%d\n",sq);
}
```

以上讨论说明，对于宏定义不仅应在参数两侧加括号，也应在整个字符串外加括号。

带参的宏和带参函数很相似，但有本质上的不同，除上面已谈到的各点外，把同一表达式用函数处理与用宏处理两者的结果有可能是不同的。

【例 6-20】 函数调用。

```
#include <stdio.h>
void main()
```

```
{
    int i=1;
    while(i<=5)
        printf("%d\n",SQ(i++));
}
SQ(int y)
{
    return((y)*(y));
}
```

【例 6-21】　宏调用。

```
#include <stdio.h>
#define SQ(y) ((y)*(y))
void main()
{
    int i=1;
    while(i<=5)
        printf("%d\n",SQ(i++));
}
```

在例 6-20 中，函数名为 SQ，形参为 y，函数体表达式为((y) * (y))；在例 6-21 中，宏名为 SQ，形参也为 y，字符串表达式为((y) * (y))。例 6-20 的函数调用为 SQ(i++)，例 6-21 的宏调用为 SQ(i++)，实参也是相同的。从输出结果来看，却大不相同。

分析：在例 6-20 中，函数调用是把实参 i 值传给形参 y 后自增 1，然后输出函数值。因而要循环 5 次。输出 1～5 的平方值。而在例 6-21 中宏调用时，只作代换。SQ(i++)被代换为((i++) * (i++))。在第 1 次循环时，由于 i 等于 1，其计算过程为：表达式中前一个 i 初值为 1，然后 i 自增 1 变为 2，因此表达式中第 2 个 i 初值为 2，两相乘的结果也为 2，然后 i 值再自增 1，得 3。在第 2 次循环时，i 值已有初值为 3，因此表达式中前一个 i 为 3，后一个 i 为 4，乘积为 12，然后 i 再自增 1 变为 5。进入第 3 次循环，由于 i 值已为 5，所以这将是最后一次循环。计算表达式的值为 5 * 6 等于 30。i 值再自增 1 变为 6，不再满足循环条件，停止循环。

从以上分析可以看出函数调用和宏调用虽然在形式上相似，但在本质上是完全不同的。

宏定义也可用来定义多个语句，在宏调用时，把这些语句又代换到源程序内。看下面的例子。

【例 6-22】 用宏来定义语句。

```
#include <stdio. h>
#define SSSV(s1,s2,s3,v) s1=l*w;s2=l*h;s3=w*h;v=w*l*h;
void main( )
{
    int l=3,w=4,h=5,sa,sb,sc,vv;
    SSSV(sa,sb,sc,vv);
    printf("sa=%d\nsb=%d\nsc=%d\nvv=%d\n",sa,sb,sc,vv);
}
```

程序第 1 行为宏定义,用宏名 SSSV 表示 4 个赋值语句,4 个形参分别为 4 个赋值符左部的变量。在宏调用时,把 4 个语句展开并用实参代替形参,使计算结果送入实参之中。

6.8.2 文件包含

文件包含是 C 预处理程序的另一个重要功能。

文件包含命令行的一般形式为:

#include <文件名>

在前面我们已多次用此命令包含过库函数的头文件。例如:

```
#include <stdio. h>
#include <math. h>
```

文件包含命令的功能是把指定的文件插入该命令行位置取代该命令行,从而把指定的文件和当前的源程序文件连成一个源文件。

在程序设计中,文件包含是很有用的。一个大的程序可以分为多个模块,由多个程序员分别编程。有些公用的符号常量或宏定义等可单独组成一个文件,在其他文件的开头用包含命令包含该文件即可使用。这样,可避免在每个文件开头都去书写那些公用量,从而节省时间,并减少出错。

对文件包含命令还要说明以下几点:

(1)包含命令中的文件名可以用双引号括起来,也可以用尖括号括起来。例如以下写法都是允许的:

```
#include "stdio. h"
#include <math. h>
```

但是这两种形式是有区别的:使用尖括号表示在包含文件目录中去查找(包含目录是由用户在设置环境时设置的),而不在源文件目录去查找;使用双引号则表示首先在当前的源文件目录中查找,若未找到才到包含目录中去查找。用户编程时可根据自己文件所在的目录来选择某一种命令形式。

（2）一个 include 命令只能指定一个被包含文件,若有多个文件要包含,则需用多个 include 命令。

（3）文件包含允许嵌套,即在一个被包含的文件中又可以包含另一个文件。

6.8.3　条件编译

C 语言提供了条件编译预处理,允许在编译的时候选择不同的代码段进行编译,以产生不同的代码,可以按不同的条件去编译不同的程序部分,因而产生不同的目标代码文件,这对于程序的移植和调试是很有用的。

条件编译有 3 种形式,下面分别介绍:

1. 第 1 种形式

#ifdef　标识符

　代码段 1

#else

　代码段 2

#endif

它的功能是,如果标识符已被 ♯define 命令定义过,则对代码段 1 进行编译;否则对代码段 2 进行编译。如果没有代码段 2(它为空),本格式中的 ♯else 可以没有,即上述代码段可以写为:

#ifdef　标识符

　代码段

#endif

2. 第 2 种形式

#ifndef 标识符

　代码段 1

#else

　代码段 2

#endif

与第 1 种形式的区别是将"ifdef"改为"ifndef"。它的功能是,如果标识符未被 ♯define 命令定义过,则对代码段 1 进行编译,否则对代码段 2 进行编译。这与第 1 种形式的功能正相反。

3. 第 3 种形式

#if 常量表达式

　代码段 1

#else

代码段 2

＃endif

它的功能是，如常量表达式的值为真（非 0），则对代码段 1 进行编译，否则对代码段 2 进行编译。因此可以使代码在不同条件下，完成不同的功能。

【例 6-23】 利用条件编译，实现两个数求最大值和最小值的程序。

```
＃include <stdio. h>
＃define MAX      /＊宏定义＊/
void main( )
{
  int a,b;
  printf("please input two integers：a,b：");
  scanf("%d%d",&a,&b);
  ＃ifdef MAX
    printf("The max is %d\n",a>=b? a:b);
  ＃else
    printf("The min is %d\n",a>=b? a:b);
  ＃endif
}
```

显然当程序通过宏定义定义标识符 MAX 后，程序编译的代码是：

```
printf("The max is %d\n",a>=b? a:b);
```

如果没有宏定义标识符 MAX，程序编译的代码是：

```
printf("The min is %d\n",a>=b? a:b);
```

通过条件编译可以选择不同的代码，从而提高编程的灵活性。

小 结 6

本章首先讲述了函数的定义，即构成函数的 5 个要素：函数类型、函数名称、函数的参数、一对小括号（）及函数的实体——由{ }包含起来的语句。

调用函数的实质就是给函数传递适当的值，让 CPU 去执行函数来获得结果。理解计算机是如何执行函数的，是学习 C 语言必不可少的内容。而在计算机中实际的参数是如何传递给被调用的函数，又是个关键的问题。要切实领悟"传值调用"和"传址调用"的实质，不能含糊，如果把这个过程完全理解清楚了，函数也就没有什么秘密可言了。

至于递归函数，其实只是人类在解决某些问题中的递推思维在计算机上的实现。对一般人而言，由于日常生活中很少使用递推思维，因此觉得递归思想不易理解。其实，只要仔细将教材中例子的来龙去脉弄清楚，就可以应付多数递归问题。只要在纸上将程序执行的流程多画几遍，任何程序都不难理解。

　　掌握宏的两种定义形式,理解宏定义仅是定义了一个代表特定内容的标识符,带参数宏定义和不带参数宏定义在程序编译时,把源代码中出现的宏标识符替换成宏定义时的值,而不做正确性检查。理解带参数的宏调用与函数调用的区别。

　　掌握全局变量和局部变量的使用和区别。局部变量是在函数内作定义说明的,其作用域仅限于函数内部或者程序块中,离开作用域使用局部变量是非法的。全局变量也称为外部变量,是在函数的外部定义的,它的作用域为从变量定义处开始,到本程序文件的末尾结束。

　　掌握变量的各种存储类型的使用,理解各种变量存储类型的区别,掌握静态变量和外部变量的使用规则和作用范围。auto 变量是用堆栈(stack)方式占用存储空间,因此当执行此区段时,系统会立即为这个变量分配存储器空间,而程序执行不结束,内存就不被释放。static 变量是 C 程序编译器以固定地址存放的变量,只要程序不结束,内存就不被释放。寄存器变量是由寄存器分配空间,访问速度比访问内存快,这可以加快执行速度,但寄存器的大小有限。外部变量定义在程序外部,所有和函数的程序段都可以使用。静态外部变量和外部变量的差别在于,外部变量声明可以同时给多个文件使用,而静态外部变量则只能给声明此变量的文件使用。

习 题 6

一、选择题

　　1. 以下函数的正确定义形式是(　　　)。

　　　　A. double fun(int x;int y)　　　　　　B. double fun(int x;int y)

　　　　C. double fun(int x;int y;)　　　　　　D. double fun(int x,y)

　　2. C 语言规定,以下说法不正确的是(　　　)。

　　　　A. 实参可以是常量、变量或表达式　　B. 形参可以是常量、变量或表达式

　　　　C. 实参可以为任意类型　　　　　　　D. 形参应与其对应的实参类型一致

　　3. 以下说法正确的是(　　　)。

　　　　A. 定义函数时,形参的类型说明可以放在函数体内

　　　　B. return 后边的值不能为表达式

　　　　C. 如果函数值的类型与返回值类型不一致,则以函数值类型为准

　　　　D. 如果形参与实参的类型不一致,则以实参类型为准

　　4. C 语言规定,简单变量做实参时,它和对应形参之间的数据传递方式是(　　　)

　　　　A. 地址传递

B. 单向值传递

C. 由实参传给形参,再由形参传回给实参

D. 由用户指定传递方式

5. 以下错误的描述是( )。

A. 函数调用可以出现在执行语句中

B. 函数调用可以出现在一个表达式中

C. 函数调用可以作为一个函数的实参

D. 函数调用可以作为一个函数的形参

6. 在 C 语言程序中,以下描述正确的是( )。

A. 函数的定义可以嵌套,但函数的调用不可以嵌套

B. 函数的定义不可嵌套,但函数的调用可以嵌套

C. 函数的定义和函数的调用均不可以嵌套

D. 函数的定义和调用均可以嵌套

7. 以下不正确的说法为( )。

A. 在不同函数中可以使用相同名字的变量

B. 形式参数是局部变量

C. 在函数内定义的变量只在函数范围内有效

D. 在函数内的复合语句中定义的变量在本函数范围内有效

8. 凡是函数中未指定存储类别的局部变量,其隐含的存储类型是( )。

A. auto   B. static   C. extern   D. register

9. 以下不正确的说法是( )。

A. 预处理命令行都必须以"#"开始

B. 在程序中凡是以#开始的语句行都是预处理命令

C. C 程序在执行过程中对预处理命令行进行处理

D. 以下是正确的宏定义: #define IBM_PC

10. 以下程序的运行结果是( )。

```
#define MIN(x,y) (x)<(y)? (x):(y)
void main( )
{
    int i=10,j=15,k;
    k=10 * MIN(i,j);
    printf ("%d\n",k);
}
```

A. 10   B.15   C. 100   D. 150

二、填空题

1. 在 C 语言中,一个函数一般由两个部分组成,它们是_____和_____。

2. 在 C 语言中,函数隐含的类型是_____。

3. 一个函数返回值的类型是由_____决定的。

三、阅读程序题

1. 以下程序的运行结果是_____。

```
#include<stdio.h>
void main( )
{
    int a=1,b=2,c;
    c=max(a,b);
    printf("Max is %d\n",c);
}
max(int x,int y)
{
    int z;
    z=(x>y)? x:y;
    return(z);
}
```

2. 以下程序的运行结果是_____。

```
#include<stdio.h>
void main( )
{
    int x=2,y=3,z=0;
    printf("(1)x=%d y=%d z=%d\n",x,y,z);
    add(x,y,z);
    printf("(3)x=%d y=%d z=%d\n",x,y,z);
}
add(int x,int y, int z)
{
    z=x+y; x=x * x; y=y * y;
    printf("(2)x=%d y=%d z=%d\n",x,y,z);
}
```

3. 以下程序的运行结果是_____。

```
#define   MUL(x,y) (x)*y
void main( )
{
    int a=3,b=4,c;
    c=MUL(a++,b++);
    printf("%d\n",c);
}
```

4.以下程序的运行结果是＿＿＿＿＿＿＿＿。

```
#include<stdio.h>
void f(int y, int *x)
{
    y=y+*x;
    *x=*x+y;
}
void main( )
{
    int x=2, y=4;
    f(y,&x);
    printf("%d%d \n",x,y);
}
```

四、编程题

1.猴子吃桃问题。第 1 天,猴子摘下若干个桃子,立即吃掉了一半,又多吃了 1 个。第 2 天,猴子又吃掉一半,又多吃 1 个,以后每天如此,到第 10 天,还剩 1 个桃子。求猴子一共摘了多少个桃子。

2.编写一个递归函数求 K!。

3.求 a、b、c 三个数的最人值。写一个能得到两个数中较大数的函数,并进行函数的嵌套调用,找到三个数中的最大值。

4.写一个判断输入的数是否为素数的函数。

5.用冒泡排序法,对给定的数组进行排序,写出函数形式。

6.给定年、月、日,判断该天是当年的第几天。

7.写一个函数,将两个字符串进行连接。

8.将给定的字符串中连续的数字字符取出来,转换成整数存放。如:取出字符串 abc1980yhi991－mn100 dfj 中的连续数字字符,可以得到"1980""991""100",分别转换成对应的整数 1980、991、100 存放起来。

9.设计一个转换函数,将字符数组中的字母变换为其英文字母表顺序后的字母,非字母字符不变,即:'a'→'b', … ,'y'→'z','z'→'a';'A'→'B', … ,'Y'→'Z','Z'→'A'。例如:对于字符数组:char a[]="tX&wZ",转换后的结果为:"uY&xA"。

```
void change(char   a[ ] )
{
    …
}
```

指针

扫一扫，获取程序代码

教学目标

◇ 熟悉指针的概念，熟练掌握指针的定义及用法。

◇ 理解指针数组的概念，熟练掌握指针数组的定义及用法。

◇ 了解指针与函数参数之间的关系。

◇ 掌握字符串指针变量的使用。

◇ 了解多级指针的概念及使用。

本章中主要介绍一种保存地址的变量，指针变量。在 C 语言中，指针的使用非常广泛。指针可以有效地表示和访问复杂的数据结构；可以直接对内存地址进行操作。学习本章知识，掌握指针的用法，可以利用指针提高程序的执行效率。

7.1 指针概述

指针是 C 语言中广泛使用的数据类型，它可以指向各种基本类型和构造类型的数据。运用指针能够编写出更简洁、紧凑、高效的程序。规范地使用指针，可以使程序简单明了。某些运算不通过指针无法实现。因此，我们不但要学会如何使用指针，而且要学会在各种情况下正确地使用指针变量。但是，若概念不清、滥用，会降低可读性。使用不当，将使指针指向意想不到的地方，并产生意想不到的错误。

7.1.1 地址与指针

1. 变量的内容和地址

在计算机中，数据都是存放在存储器的内存单元中，当用户定义了变量后，系统将为这些变量分配内存。为了便于存取数据，我们把内存编上号，每个字节为一个单元，这就是内存地址，它可以唯一的确定内存中的字节。假定有三个整型变量(整型变量占 4 个字节)x，y，z，又假定编译系统为各变量分配的地址如图 7-1 所示。

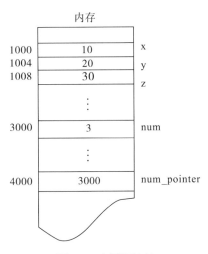

图 7-1　变量与地址

　　变量 x,y,z 的内容分别为 10,20,30;地址分别为 1000,1004,1008。变量与地址间的对应关系在编译时就已确定,对变量的引用就相当于对变量内容的引用,变量地址即系统分配给变量的内存单元的起始地址,变量值的存取实际是通过变量在内存中的地址进行的。

　　假设有这样一个程序:

```
#include<stdio.h>
void main( )
{
    int num;
    scanf("%d",&num);
    printf("num=%d\n", num);
}
```

　　为描述方便,假设 C 编译程序分配给变量 num 的 2 字节存储单元为 3000 和 3001,则起始地址 3000 就是变量 num 在内存中的地址。

　　系统执行存取变量 num 值的方式可以有两种:

　　(1)直接访问,直接利用变量的地址进行存取。

　　①上例中 scanf("%d",&num)的执行过程是这样的:

　　根据变量名 num 找到变量的起始地址 3000;然后将键盘输入的值(假设为 3)送到内存单元 3000 和 3001 中。如图 7-1 所示。

　　②printf("num=%d\n",num)的执行过程,与 scanf( )很相似。

　　首先找到变量 num 的起始地址 3000,然后从 3000 和 3001 中取出其值 3,最后将它输出。

　　(2)间接访问,通过另一变量访问该变量的值。

C 语言规定:在程序中可以定义一种用来存放其他变量的地址,称为指针变量。

在图 7-1 中,通过指针变量 num_pointer 存取变量 num 值的过程如下:

首先找到指针变量 num_pointer 的地址(4000),取出其值 3000(正好是变量 num 的起始地址);然后从 3000、3001 中取出变量 num 的值 3。

2. 指针与指针变量

(1)指针,它在 C 语言中对应一个地址。

一个变量的地址称为该变量的指针。通过变量的指针能够找到该变量。

(2)指针变量,是专门用于存储其他变量地址的变量。

指针变量 num_pointer 的值就是变量 num 的地址。指针与指针变量的区别,就是变量值与变量的区别。

下面的语句,定义了一个指向变量 num 的指针变量:

```
num=3;                 /* 将 3 直接赋给变量 num */
num_pointer=&num;      /* 使 num_pointer 指向 num */
*num_pointer=3;  /* 将 3 赋给指针变量 num_pointer 所指向的变量 num */
```

7.1.2 指针变量的定义与引用

1. 指针变量的定义

C 语言规定所有变量在使用前必须定义,规定其类型。指针变量不同于整型变量和其他类型的变量,它是专门用来存放地址的,必须将其定义为"指针类型"。

指针变量的一般定义格式:

类型标识符 * 标识符;

其中"类型标识符"表示该指针变量所指向的变量的类型;标识符是指针变量的名字,标识符前加了"*"号,表示该变量是指针变量。

```
int * pj;     /* pj 是指向 int 类型的指针变量 */
long * pl;    /* pl 是指向 long 类型的指针变量 */
float * pd;   /* pd 是指向 float 类型的指针变量 */
```

注意:一个指针变量只能指向某一种类型的变量,也就是说,我们不能定义一个指针变量,使它既能指向一个整型变量又指向一个实型变量。

指针变量可以在定义时初始化。例如:

```
int i, * pi=&i;
```

这里是用 &i 对 pi 初始化,而不是对 *pi 初始化。

C 语言中规定,当指针值为零时,指针不指向任何有效数据,有时也称指针为空指针。因此,当调用一个要返回指针的函数时,常使用返回值为 NULL 来指示函数调用中某些错误情况的发生。指针变量定义后,变量值不确定,应用前必须先赋值。

2. 指针变量的引用

指针变量中只能存放地址（指针），不能将一个整型量（或任何其他非地址类型的数据）赋给一个指针变量。下面的赋值是不合法的：

```
int  * pi;
pi＝100;     /* pi 为指针变量,100 为整数 */
```

3. & 运算与 * 运算

下面我们来看两个有关的运算符：

①&：取地址运算符。

② *：指针运算符（或称取内容运算符）。

例如，&a 为变量 a 的地址，*p 为指针变量 p 所指向的存储空间。

注意使用 *p 与定义 *p 不同,定义时,int *p 中的" *"不是运算符,它只是表示其后面的变量是一个指针类型的变量,而在程序执行语句中,引用" *p",其中的" *"是一个指针运算符,*p 表示"p 指向的存储单元",例如：

```
int * p,i = 10;
p=&i;
printf("%d", * p);
printf("%d",i);
```

将输出相同的结果 10。

关于 &：

①运算符 & 后面必须是内存中的对象（变量、数组元素等），不能是常量、表达式或寄存器变量,如 q1＝&(k+1)是错误的。

②& 后的运算对象类型必须与指针变量的基类型相同。

```
int x,y, * pi;
float z;
pi = &z;  /* 错误 */
```

假设：

```
int i＝200,x;
int * pi;
```

我们定义了两个整型变量 i,x,还定义了一个指向整型数的指针变量 pi。i,x 中可存放整数,而 pi 中只能存放整型变量的地址。我们可以把 i 的地址赋给 pi：

```
pi=&i;
```

假设变量 i 的地址为 2000,此时指针变量 pi 指向存储空间 2000,这个赋值可形象理解为图 7-2 所示的联系。

图 7-2 给指针变量赋值

以后,我们便可以通过指针变量 pi 间接访问变量 i,例如:

```
*pi=120;
```

运算符 * 访问以 pi 为地址的存贮区域,而 pi 中存放的是变量 i 的地址,因此, * pi 访问的是地址为 2000 的存贮区域(因为是整数,实际上是从 2000 开始的 4 个字节),它就是 i 所占用的存贮区域,所以上面的赋值表达式等价于:

```
i=120;
```

指针的应用非常灵活,下面我们就通过指针应用实例,了解更多指针的用法。

【例 7-1】 指针的应用。

```
main ( )
{
  int *p1, *p2, *p,a,b;
  scanf("a=%d,b=%d",&a,&b);
  p1=&a;   p2=&b;                    /* p1、p2 分别指向变量 a,b */
  if(a<b)
  { p=p1;   p1=p2;   p2=p;}          /* p1 指向 b,p2 指向 a */
  printf("a=%d,b=%d\n",a,b);
  printf("max=%d,min=%d\n", *p1, *p2);
}
```

运行结果:

```
a=5,b=9↵
a=5,b=9
max=9,min=5
```

程序说明:当 a<b 成立时,p=p1 相当于对 p 初始化,并交换 p1 与 p2 的值(地址)。交换前的情况见图 7-3(a),交换后见图 7-3(b)。请注意,a 和 b 并未交换,它们仍然保持原值。这样在输出 * p1 和 * p2 时,实际上是输出 b 和 a 的值,所以先输出 9,然后输出 5。

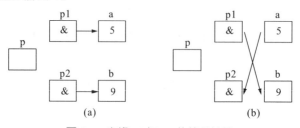

图 7-3 交换 p1 与 p2 的值(地址)

4.零指针与空类型指针

(1)零指针。零指针即空指针,指指针变量值为零。

例如:

```
int * p=0;
```

或者

```
#define NULL 0
int * p=NULL;
```

p=NULL 与未对 p 赋值不同,p 指向地址为 0 的单元,系统保证该单元不作他用。表示指针变量值没有意义。作用是避免指针变量的非法引用,在程序中常作为状态比较。

(2)void * 类型指针(空类型指针)。

```
void * p;
```

空类型指针表示指针变量 p 不指向任何类型的变量。使用空类型指针时要进行强制类型转换,例如:

```
char  * p1;
void  * p2;
p1=(char * )p2;
p2=(void * )p1;
```

5.指针变量作为函数参数

函数的参数不仅可以是整型、实型、字符型等数据,还可以是指针类型。它的作用是将一个变量的地址传送到另一个函数中。

【例 7-2】 输入两个整数按大小顺序输出。

现用函数处理,而且用指针类型的数据作函数参数。

```
int swap( * p1, * p2)
{
   int p;
   p= * p1;
   * p1= * p2;
   * p2=p;
}
main( )
{
   int a,b;
   int * pointer_1, * pointer_2;
   scanf("%d,%d",&a,&b);
```

```
    pointer_1=&a,pointer_2=&b;
    if(a<b) swap(pointer_1, pointer_2);
    printf("\n%d,%d\n",a,b);
}
```

运行情况：

输入5，9↵

输出9，5

程序说明：

swap 是用户定义的函数,它的作用是交换两个变量(a 和 b)的值。swap 函数的两个形参 p1,p2 是指针变量。程序开始执行时,先输入 a 和 b 的值(当输入 5 和 9)。然后将 a 和 b 的地址分别赋给指针变量 pointer_1 和 pointer_2,使 pointer_1 指向 a,pointer_2 指向 b,见图 7-4(a)。接着执行 if 语句,由于 a<b,因此执行函数 swap。注意实参 pointer_1 和 pointer_2 是指针变量,在函数调用开始时,实参变量将它的值传送给形参变量。采取的依然是"值传递"方式,形参 p1 的值为 &a,p2 的值为 &b,见图 7-4(b)。这时 p1 和 pointer_1 都指向变量 a,p2 和 pointer_2 都指向 b。接着执行 swap 函数的函数体,使 ∗p1 和 ∗p2 的值互换,也就是使 a 和 b 的值互换。互换后的情况见图 7-4(c)。函数调用结束后 p1 和 p2 不复存在(已释放),情况如图 7-4(d)所示。最后在 main 函数中输出的 a 和 b 的值已是经过交换的值(a=9,b=5)。

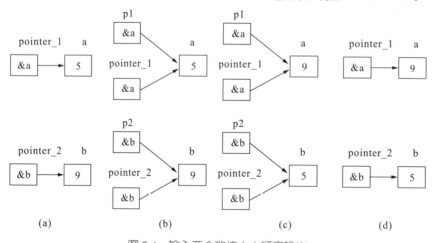

图 7-4 输入两个数按大小顺序输出

请注意交换 ∗p1 和 ∗p2 的值是如何实现的。如果写成以下这样就有问题了：

```
int swap(int ∗ p1,int ∗ p2)
{
    int ∗ p
    ∗ p= ∗ p1;
    ∗ p1= ∗ p2;
```

```
    *p2= *p;
  }
```

　　*p1 就是 a,是整型变量。而 *p 是指针变量 p 所指向的变量。但 p 中并无确定地址,用 *p 可能会造成破坏系统的正常工作状态。应该将 *p1 的值赋给一个整型变量,如程序所示那样,用整型变量 p 作为过渡变量实现 *p1 和 *p2 的交换。

　　注意:本例采取的方法是:交换 a 和 b 的值,而 p1 和 p2 的值不变。

　　可以看出,在执行 swap 函数后,变量 a 和 b 的值改变了。请仔细分析,这个改变是怎么实现的。这个改变不是通过形参值传回实参来实现的。请读者考虑一下能否通过下面的函数实现 a 和 b 互换。

```
int swap(int x,int y)
{
  int t;
  t=x;
  x=y;
  y=t;
}
```

　　如果在 main 函数中用"swap(a,b);",会有什么结果呢? 如图 7-5 所示。在函数调用开始时,a 的值传送给 x,b 的值传送给 y。执行完 swap 函数后,x 和 y 的值是互换了,但 main 函数中的 a 和 b 并未互换。也就是说由于"单向传送"的"值传递"形式,形参值的改变无法传给实参。

　　为了使在函数中改变了的变量值能被 main 函数所用,不能采取上述把要改变值的变量作为参数的办法,而应该用指针变量作为函数参数,在函数执行过程中使指针变量所指向的变量值发生变化,函数调用结束后,这些变量值的变化依然保留下来,这样就实现了"调用函数改变变量的值,在主调函数(如 main 函数)中使用这些改变了的值"的目的。

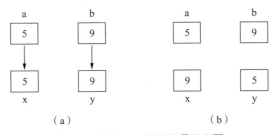

图 7-5　交换 a、b 值的错误示意图

　　请注意,不能企图通过改变指针形参的值而使指针实参的值也改变。请看下面的程序:

```
int swap(int * p1,int * p2)
{
    int * p;
    p=p1;
    p1=p2;
    p2=p;
}
main()
{
    int a,b;
    int * pointer_1, * pointer_2;
    scanf("%d,%d",&a,&b);
    pointer_1=&a;
    pointer_2=&b;
    if(a<b) swap(pointer_1,pointer_2);
    printf("\n%d,%d\n", * pointer_1, * pointer_2);
}
```

该程序的意图是交换 pointer_1 和 pointer_2 的值,使 pointer_1 指向值大的变量。其思路为:①先使 pointer_1 指向 a,pointer_2 指向 b,见图 7-6(a)。②调用 swap 函数,将 pointer_1 的值传给 p1,pointer_2 传给 p2,见图 7-6(b)。③在 swap 函数中使 p1 与 p2 的值交换,见图 7-6(c)。④形参 p1、p2 将地址传回实参 pointer_1 和 pointer_2,使 pointer_1 指向 b,pointer_2 指向 a,见图 7-6(d)。然后输出 * pointer_1、* pointer_2,想得到输出"9,5"。

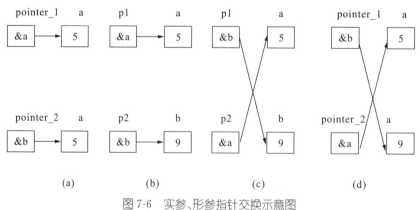

图 7-6　实参、形参指针交换示意图

但是这是办不到的,程序实际输出为:"5,9"。问题出在第④步。C 语言中实参变量和形参变量之间的数据传递是单向的"值传递"方式。指针变量作函数参数也要遵循这一规则。调用函数不能改变实参指针的值,但可以改变实参指针变量所指变量的值。我们知道,函数的调用可以(而且只可以)得到一个返回值(即函数值),而运用指针变量作参数,可以得到多个变化了的值。如果不用指针变量是难以做到这一点的。

【例 7-3】　输入 a、b、c 三个整数,按大小顺序输出。

```
int swap(int *pt1,int *pt2)
{
    int p;
    p=*p1;
    *p1=*p2;
    *p2=p;
}
void exchang(int *q1,int *q2,int *q3)
{
    if(*q1<*q2)   swap(q1,q2);
    if(*q1<*q3)   swap(q1,q3);
    if(*q2<*q3)   swap(q2,q3);
}
main( )
{
    int a,b,c,*p1,*p2,*p3;
    scanf("%d,%d,%d",&a,&b,&c);
    p1=&a;p2=&b;p3=&c;
    exchang(p1,p2,p3);
    printf("\n%d,%d,%d\n",a,b,c);
}
```

运行情况:

输入 9,0,10←┘

输出 10,9,0

7.2　指针与数组

我们知道,每个变量都有一个地址,数组也有其起始地址,数组中的每个元素也有一个相应的地址。所以,可以设置指针变量指向数组或数组中的元素。

所谓数组的指针是指数组的起始地址,数组元素的指针是指数组元素的地址。

引用数组元素可以用下标 a[i],也可以用指针,使用指针占用的内存较少,且运行速度快。

7.2.1　指针与一维数组元素

1.数组的指针与指向数组元素的指针变量

我们先来看看两个概念：

数组的指针：数组在内存中的起始地址，数组元素的指针——数组元素在内存中的起始地址。

指向数组的指针变量：指向数组元素的指针变量的定义，与指向普通变量的指针变量的定义方法一样。

例如，int　array[10]，* pointer＝array(或 &array[0])；

或者：

int array[10]，* pointer；

pointer＝array；

注意：数组名代表数组在内存中的起始地址（与第 1 个元素的地址相同），所以可以用数组名给指针变量赋值。

2.数组元素的引用

数组元素的引用，既可用下标法，也可用指针法。使用下标法，比较直观；而使用指针法，能使目标程序占用内存少、运行速度快。

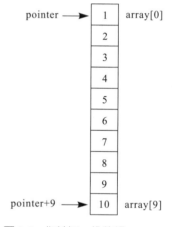

图 7-7　指针与一维数组

如果有 int array[10]，* pointer＝array；则：

(1)pointer＋i 和 array＋i 都是数组元素 array[i]的地址，如图 7-7 所示。

(2)* (pointer＋i)和 * (array＋i)就是数组元素 array[i]。

(3)指向数组的指针变量，也可将其看作是数组名，因而可按下标法来使用。例如，pointer[i]等价于 * (pointer＋i)。

注意：pointer＋1 指向数组的下一个元素，而不是简单地使指针变量 pointer 的值＋1。其实际变化为 pointer＋1 * size(size 为一个元素占用的字节数)。

例如，假设指针变量 pointer 的当前值为 2000，则 pointer＋1 为 2000＋1 * 4 ＝2004，而不是 2001。下面我们来看一个例子。

【例 7-4】　使用指向数组的指针变量来引用数组元素。

```
main( )
{
    int array[10]，* pointer＝array，i；
    printf("Input 10 numbers：")；
```

```
    for(i=0; i<10; i++)
        scanf("%d", pointer+i);          /*使用指针变量来输入数组元素的值*/
    printf("array[10]:");
    for(i=0; i<10; i++)
        printf("%d ", *(pointer+i));/*使用指向数组的指针变量输出数组*/
    printf("\n");
}
```

运行结果：

Input 10 numbers: 0 1 2 3 4 5 6 7 8 9←┘
array[10]:　0　1　2　3　4　5　6　7　8　9

程序说明：程序中从第 3 行的 for 语句到第 6 行的 for 语句,等价于下面的程序段：

```
for(i=0; i<10; i++,pointer++)
    scanf("%d",pointer);
printf("array[10]:");
pointer=array;                  /*使 pointer 重新指向数组的第一个元素*/
for(i=0; i<10; i++,pointer++)
    printf("%d", *pointer);
```

注意：

(1)指针变量的值是可以改变的,所以必须注意其当前值,否则容易出错。

(2)指向数组的指针变量可以指向数组以后的内存单元,显然没有实际意义。

3. 对指向数组的指针变量进行算术运算和关系运算的含义

指针允许的运算方式有：

(1)指针在一定条件下,可进行比较,这里所说的一定条件,是指两个指针指向同一种类型的对象才有意义,例如两个指针变量 p,q 指向同一数组,则<,>,>=,<=,==等关系运算符都能正常进行。若 p==q 为真,则表示 p,q 指向数组的同一元素；若 p<q 为真,则表示 p 所指向的数组元素在 q 所指向的数组元素之前。

(2)指针和整数可进行加、减运算。设 p 是指向某一数组元素的指针,开始时指向数组的第 0 号元素,设 n 为一整数,则 p+n 就表示指向数组的第 n 号元素(下标为 n 的元素)。

(3)两个指针变量在一定条件下,可进行减法运算。设 p,q 指向同一数组,则 p-q 的绝对值表示 p 所指对象与 q 所指对象之间的元素个数。其相减的结果遵守对象类型的字节长度进行缩小的规则。

假设 p 是一个指针,考虑下列表达式

＊＋＋p　　＊p＋＋　　（＊p）＋＋　　＊（＋＋p）

＊－－p　　＊p－－　　（＊p）－－　　＊（－－p）

由于 ＋＋/－－和 ＊的优先级相同,结合性是从右向左,因此,

＊＋＋p(或 ＊－－p)表示先将 p 自增(自减),然后取 p 自增(自减)后所指向的值;

＊p＋＋(或 ＊p－－)表示先取 p 所指向的值,然后将 p 自增(自减);

（＊p）＋＋(或（＊p）－－) 表示将 p 所指向的值自增(自减);

＊（＋＋p）(或 ＊（－－p))与 ＊＋＋p(或 ＊－－p)表示的含义相同,也是先将 p 自增(自减),然后取 p 自增(自减)后所指向的值。

7.2.2 指向数组的指针

1.二维数组的地址

假设有如下数组定义语句：int　a[3][4];

(1)从二维数组角度看,数组名 a 代表数组的起始地址,是一个以行为单位进行控制的行指针：

a＋i:行指针值,指向二维数组的第 i 行。

＊(a＋i):(列)指针值,指向第 i 行第 0 列(控制由行转为列,但仍为指针)。

＊（＊(a＋i)):数组元素 a[i][0]的值。

用 a 作指针访问数组元素 a[i][j]的格式：

＊（＊(a＋i)＋j)

对于二维数组：

①a 是数组名,包含三个元素 a[0],a[1],a[2];

②每个元素 a[i],又是一个一维数组,包含 4 个元素。

(2)从一维数组角度看,二维数组名 a 和第一维下标的每一个值,共同构成一组新的一维数组名 a[0]、a[1]、a[2],它们均由 4 个元素组成。

C语言规定:数组名代表数组的地址,所以 a[i]是第 i 行一维数组的地址,它指向该行的第 0 列元素,是一个以数组元素为单位进行控制的列指针。

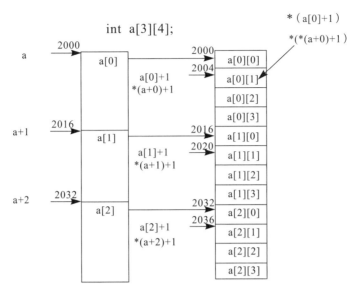

图 7-8　二维数组的行指针与列指针

a[i]+j:(列)指针值,指向数组元素 a[i][j]。

*(a[i]+j):数组元素 a[i][j]的值。

a[i]从形式上看是 a 数组中第 i 个元素。如果 a 是一维数组名,则 a[i]代表 a 数组第 i 个元素所占的内存单元。a[i]是有物理地址的,是占内存单元的。但如果 a 是二维数组,则 a[i]代表一维数组名。a[i]本身并不占实际的内存单元,它不存放 a 数组中各个元素的值。它只是一个地址(如同一个一维数组名 a 并不占内存单元而只代表地址一样)。a、a+i、a[i]、*(a+i)、*(a+i)+j、a[i]+j 都是地址。*(a[i]+j)、*(*(a+i)+j)是二维数组元素 a[i][j]的值,见表 7-1。

表 7-1　行列指针与地址的关系

表示形式	含义	地址
a	二维数组名,数组首地址	2000
a[0],*(a+0),*a	第 0 行第 0 列元素地址	2000
a+1	第 1 行首地址	2016
a[1],*(a+1)	第 1 行第 0 列元素地址	2016
a[1]+2,*(a+1)+2,&a[1][2]	第 1 行第 2 列元素地址	2024
(a[1]+2),(*(a+1)+2),a[1][2]	第 1 行第 2 列元素的值	—

有些读者可能不能理解为什么 a+1 和 *(a+1)都是 2016 呢? 他们想"a+1 的值和 a+1 的地址怎么都是同一个值呢?"的确,二维数组中有些概念比较复杂难懂,要反复思考。首先说明,a+1 是地址(指向第一行首地址),而 *(a+1)并不是"a+1 单元的内容(值)",因为 a+1 并不是一个实际变量,也就谈不上它的内容。*(a+1)就是 a[1],而 a[1]是数组名,所以也就是地址。以上各种形式都是地址计算的不同表示。

　　为了说明这个容易搞混的问题,举一个日常生活中的例子来说明。有一个排,下有三个班,每班有 10 名战士。假如规定排长只管理到班,班长管理战士。在排长眼里只有第 0、1、2 班(为与 C 语言中数组下标一致,假定班号也从 0 开始)。排长不能直接调动战士。排长从第 0 班的首位置走到第一班的首位置,看来只走了一步,但实际上它跳过了 10 个战士。这相当于 a+1(见图 7-9)。为了找到某一班内某一个战士,必须给出两个参数,即第 i 班第 j 个战士,先找到第 i 班,然后由该班班长在本班范围内找第 j 个战士。这就是 a[i]+j(这是一个地址)。班长开始面对第 0 个战士。注意,排长"指向第 0 班"和班长"指向第 0 个战士"都是指向第 0 班第 0 个战士的位置(如图 7-8 中的 a 和 a[0] 都是 2000)。但它们的含义是不同的。排长指向班,他走一步就跳过一个班,而班长指向战士,走一步只是指向下一个战士,正如 a[0]+1 与 a+1 不同,a[1]+1 与 a[2]不同一样。可以看到:排长是"宏观管理",只管理班,在图 7-9 中是控制纵向,班长则是"微观管理",管理到战士,在图上是控制横向。如果要找第 1 班第 2 个战士,则先由排长找到第 1 班,然后把控制权交给班长,由班长在本班范围内找到第 2 个战士。a+1 指向第 1 班,*(a+1)或 a[1]或 a[1]+0 都指向第 1 班第 0 个战士,二者地址虽然相同,但含义不同了。控制已由"纵向管理"转向"横向管理"了。a+i 只有一个下标,而 a[i]+j 或 *(*(a+i)+j)有两个下标,当然可以先纵向后横向(先行后列)地找到二维数组的元素。

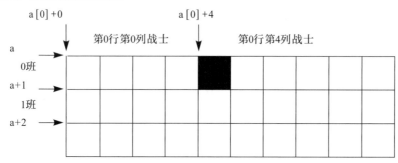

图 7-9　二维数组指针示意图

　　不要把 &a[i] 理解为 a[i]单元的物理地址,因为并不存在 a[i]这样一个变量。它只是一种地址的计算方法,能得到第 i 行的首地址,&a[i] 和 a[i]的值是一样的,但它们的含义是不同的。&a[i] 或 a+i 指向行,而 a[i]或 *(a+i) 指向列。当列下标 j 为 0 时,&a[i] 和 a[i](即 a[i]+j)值相等,即指向同一位置。*(a+i)只是 a[i]的另一种形式,不要简单地认为是"a+i"所指单元中的内容。在一维数组中 a+i 所指的是一个数组元素地存储单元,它有具体值,上述说法是正确的。而对二维数组,a+i 不是指向具体存储单元而指向行。在二维数组中,a+i、&a[i]、a[i]、*(a+i)、&a[i][0] 都是地址,而且地址值是相等的。

2. 指向数组的指针变量

指向数组的指针变量是指指向由 n 个元素组成的一维数组的指针变量。

(1)定义格式。

数据类型　（＊指针变量）[n]；

注意："＊指针变量"外的括号不能缺，否则就成了指针数组——数组的每个元素都是一个指针——指针数组(本章第7.2.4节介绍)。

(2)赋值格式。

行指针变量 ＝ 二维数组名或行指针变量；

【例7-5】　使用行指针输出二维数组的任一元素。

```
main( )
{
int array[3][4]={{1,2,3,4},{5,6,7,8},{9,10,11,12}};
  int ( * pointer)[4], row, col;
  pointer=array;
  printf("Input row =");  scanf("%d", &row);
  printf("Input col =");  scanf("%d", &col);
  printf("array[%1d][%1d] = %d\n", row, col, * ( * (pointer+row)+col));
}
```

运行结果：

```
Input row = 1↵
Input col = 2↵
array[1][2] = 7
```

结果分析：

pointer 是一个指向含有 4 个元素一维指针的行指针，pointer 指向 array 数组，通过行列指针变换完成二维数组元素的访问。

【例7-6】　使用列指针输出二维数组的任一元素。

```
main( )
{
  int array[3][4]={{1,2,3,4},{5,6,7,8},{9,10,11,12}};
  int * pointer, row, col;              /* 定义一个(列)指针变量 pointer * /
  pointer=array[0];                     /* 给(列)指针变量 pointer 赋值 * /
  printf("Input row = ");  scanf("%d",&row);
  printf("Input col = ");  scanf("%d",&col);
  printf("array[%1d][%1d] = %d\n", row, col, * (pointer+(row*4+col)));
}
```

运行结果：

```
Input row = 1↵
Input col = 2↵
array[1][2] = 7
```

结果分析：

pointer 是一个指向整型元素的列指针，pointer 指向 array 数组中第 0 个元素，通过列地址完成二维数组元素的访问。

7.2.3 指针与字符串

字符串在内存中的起始地址称为字符串的指针，可以定义一个字符指针变量指向一个字符串。

1. 字符串指针变量的说明和使用

字符串指针变量的定义说明与指向字符变量的指针变量说明是相同的。只能按对指针变量的赋值不同来区别。

对指向字符变量的指针变量应赋予该字符变量的地址。如：char c,＊p＝&c;表示 p 是一个指向字符变量 c 的指针变量。而：char ＊s="C Language";则表示 s 是一个指向字符串的指针变量，把字符串的首地址赋予指针 s。

【例 7-7】 把字符串的首地址赋予指针。

```
main( )
{
    char  *ps;
    ps="C Language";
    printf("%s",ps);
}
```

运行结果：

```
C Language
```

结果分析：

本例首先定义 ps 是一个字符指针变量，然后把字符串的首地址赋予 ps(应写出整个字符串，以便编译系统把该串装入连续的一块内存单元)，并把首地址送入 ps。程序中的 char ＊ps; ps="C Language";等效于 char ＊ps="C Language";。

上例首先定义 ps 是一个字符指针变量，然后把字符串的首地址赋予 ps(应写出整个字符串，以便编译系统把该串装入连续的一块内存单元)，并把首地址送入 ps。程序中的 char ＊ps;ps="C Language";等效于 char ＊ps="C Language";输出字符串中所有字符。

【例 7-8】　字符串指针变量的运算。

```
main( )
{
  char * ps="this is a book";
  int n=10;
  ps=ps+n;
  printf("%s\n",ps);
}
```

运行结果：

book

程序说明：在程序中对 ps 初始化时，把字符串首地址赋予 ps，当 ps＝ ps＋10 之后，ps 指向字符"b"，因此输出为"book"。

2. 使用字符串指针变量与字符数组的区别

使用字符数组和字符指针变量都可实现字符串的存储和运算，但两者是有区别的。在使用时应注意以下问题：

(1)字符串指针变量本身是一个变量，用于存放字符串的首地址。而字符串本身是存放在以该首地址为首的一块连续的内存空间中并以'\0'作为字符串的结束。字符数组是由若干个数组元素组成的，它可用来存放整个字符串。

(2)对字符串指针方式 char * ps="C Language"；可以写为：char * ps；ps="C Language"；而数组方式：char st[]={"C Language"}；不能写为：char st[20]；st={"C Language"}；而只能对字符数组的各元素逐个赋值。

从以上几点可以看出字符串指针变量与字符数组在使用时的区别，同时也可看出使用指针变量更加方便。

前面说过，当一个指针变量在未取得确定地址前使用是危险的，容易引起错误。但是对指针变量直接赋值是可以的。因为 C 系统对指针变量赋值时要给以确定的地址。因此，char * ps ="C Language"；或者 char * ps；ps ="C Language"；都是合法的。

7.2.4　指针数组与多级指针

1.指针数组

当数组的元素类型为某种指针类型时，该数组就称为指针数组，即该数组中每个元素都是指针变量。指针数组的定义形式为：

类型说明符 * 数组名[常量表达式]；

其中常量表达式的类型为整型，是数组的长度说明，用于指明数组元素的个数;类型说明符指明指针数组的元素指针能指向的对象的类型。数组名之前的"＊"是必需的,由于它出现在数组名之前,使该数组成为指针数组。例如:

　　int ＊ p[10];定义指针数组 p 的每个元素都是能指向 int 型数据的指针变量,p 有 10 个元素,它们是 p[0]、p[1]、…、p[9]。和一般的数组定义一样,数组名 p 也可作为 p[0]的地址。

　　在指针数组的定义形式中,由于 [] 比 ＊ 的优先级高,使数组名先与 [] 结合,形成数组的定义,然后再与数组名之前的 ＊ 结合,表示此数组的元素是指针类型的。注意,在 ＊ 与数组名之外不能加上圆括号,否则变成指向数组的指针变量。例如:

```
int (＊q)[10];
```

它是定义指向由 10 个 int 型元素组成的一维数组的指针变量(行指针)。

　　引入指针数组的主要目的是便于统一管理相同类型的指针。下面我们来看一个指针数组应用示例。

　　【例 7-9】 有若干本计算机图书,请按字母顺序,从小到大输出书名。

```
main( )
{
char ＊ name[5]＝{"BASIC","FORTRAN","PASCAL","C","FoxBASE"};
char ＊ temp;
int i,j,min,count＝5;
/＊使用选择法排序＊/
for(i＝0; i<count－1; i++)              /＊外循环:控制选择次数＊/
{
min＝i;                                /＊预置本次最小串的位置＊/
for(j＝i+1; j<count; j++)             /＊内循环:选出本次的最小串＊/
if(strcmp(name[min],name[j])>0)      /＊存在更小的串＊/
min＝j;                               /＊保存之＊/
if(min! ＝i)                          /＊存在更小的串,交换位置＊/
{temp＝name[i]; name[i]＝name[min]; name[min]＝temp;}
}
/＊输出排序结果＊/
for(i＝0; i<5; i++) printf("%s\n",name[i]);
}
```

运行结果:

```
BASIC
C
```

FORTRAN

FoxBASE

PASCAL

程序说明:本例使用简单选择法排序。

2.二级指针与多级指针变量

当指针变量 pp 所指的变量 pi 又是一个指针变量时,pp 是一种指向指针的指针变量,此时称指针变量 pp 是二级指针变量。

定义指向指针变量的指针变量的一般形式为:

类型说明符 ＊＊ 变量名；

该一般形式说明以下几个方面的内容:首先定义变量为指针变量,其次是该变量能指向一种指针对象,最后是被指向的指针对象能指向的对象的类型。例如:

```
int ＊＊pp,＊pi,i；
pi = &i；
pp = &pi；
```

定义说明 pp 是指向指针的指针变量;它能指向的是这样一种指针对象,该指针对象是能指向 int 型存储空间的指针变量。如上述代码让 pp 指向指针变量 pi,pi 指向整型变量 i。

二级指针与指针数组有密切的关系,指针数组元素的指针即为指针的指针。多级指针的定义与使用同二级指针。

【例 7-10】 用二级指针处理字符串。

```
#define   NULL   0
void main( )
{
  char ＊＊p；
  char ＊name[]={"hello","good","world","bye",""}；
  p＝name＋1；
  printf("%o%s  ",＊p,＊p)；
  p＋＝2；
  while(＊＊p！＝NULL)
    printf("%s\n",＊p＋＋)；
}
```

运行结果:

644:good   bye

程序说明:上机运行时地址有可能不同;用 ＊p 可输出地址(%o 或%x),也可用它输出字符串(%s)。

7.3　指针与函数

7.3.1　指向函数的指针

在进行本节的学习的时候，我们首先要明确一个概念，对于一个程序来说，函数在运行的时候也是要占用存储空间的，因此，函数也有起始地址。在 C 语言中，允许我们定义指向函数的指针，并用这种指针来调用函数。

用指针变量可以指向整型变量、字符串、数组，也可以指向一个函数。一个函数在编译时被分配给一个入口地址。这个入口地址就称为函数的指针。可以用一个指针变量指向函数，然后通过该指针变量调用此函数。

指向函数的指针变量的一般定义形式为：

数据类型标识符（＊指针变量名）（ ）

这里的"数据类型标识符"是指函数返回值的类型。

函数的调用可以通过函数名调用，也可以通过函数指针调用（即用指向函数的指针变量调用）。

【例 7-11】　用函数指针变量调用函数，比较两个数大小。

```
main( )
{
  int max(int ,int),  (＊p)( );
  int a=2,b=5,c;
  p=max;
  c=(＊p)(a,b);
  printf("a=%d,b=%d,max=%d\n",a,b,c);
}
int max(int x,int y)
{
  int z;
  if(x>y)  z=x;
  else     z=y;
  return(z);
}
```

运行结果：

a=2,b=5,max=5

程序说明:(＊p)( )表示定义一个指向函数的指针变量,它不是固定指向哪一个函数,而只是表示定义了这样一个类型的变量,它是专门用来存放函数的入口地址的。在程序中把哪一个函数的地址赋给它,它就指向哪一个函数 。在一个程序中,一个指针变量可以先后指向不同的函数。

在给函数指针变量赋值时,只需给出函数名而不必给出参数,如

```
p=max;
```

因为是将函数的入口地址赋给 p,而不牵涉到实参与形参的结合问题,所以不能写成 p=max(a,b);的形式。

用函数指针变量调用函数时,只需将(＊p)代替函数名即可(p 为指针变量名),在(＊p)之后的括弧中根据需要写上实参。如下面语句表示“调用由 p 指向的函数,实参为 a,b,得到的函数值赋给 c”。

```
c=(＊p)(a,b);
```

【例 7-12】 用函数指针变量作参数,求最大值、最小值和两数之和。

```
void main( )
{
    int a,b,max(int,int),min(int,int),add(int,int);
    void process(int,int,int (＊fun)());
    a=2;b=5;
    process(a,b,max);
    process(a,b,min);
    process(a,b,add);
}
void process(int x,int y,int (＊fun)())
{
    int result;
    result=(＊fun)(x,y);
    printf("%d\n",result);
}
int max(int x,int y)
{
    printf("max=");
    return(x>y? x:y);
}
int min(int x,int y)
{
    printf("min=");
```

```
    return(x<y? x:y);
  }
  int add(int x,int y)
  {
    printf("sum=");
    return(x+y);
  }
```

运行结果：

```
max=5
min=2
sum=7
```

注意：对指向函数的指针变量 p，p+n、p+ +、p— —等运算是无意义的。

7.3.2 返回指针值的函数

一个函数可以返回一个 int 型、float 型、char 型的数据，也可以返回一个指针类型的数据。返回指针值的函数（简称指针函数）的定义格式如下：

函数类型 ＊函数名（[形参表]）

例如：int ＊p( )

p 是函数名，调用它以后能够得到一个指向整型数据的指针。因为( )的优先级高于＊，所以这是一个函数形式，前面的＊表示函数值是指针。请注意它和指向函数的指针的区别，对于 int (＊p)( )，因为＊p 两边有( )，表示这首先是一个指针，后面的( )表示这是一个指向函数的指针。

【例 7-13】 某数理化三项竞赛训练组有 3 个人，找出其中至少有一项成绩不合格者。要求使用指针函数实现。

```
int  ＊seek( int  (＊pnt_row)[3] )   /＊seek()函数：判断是否有不合格成绩 ＊/
{
  int j=0, ＊pnt_col;            /＊定义一个(列)指针变量 pnt_col ＊/
  pnt_col= ＊(pnt_row+1);        /＊使 pnt_col 指向下一行之首(作标志用)＊/
  for(;j<3; j++)
    if( ＊(＊pnt_row+j)<60)      /＊某项成绩不合格 ＊/
    {
      pnt_col= ＊pnt_row;        /＊使 pnt_col 指向本行之首 ＊/
      break;                    /＊退出循环 ＊/
    }
  return(pnt_col);
```

```
     }
     main( )
     {
       int grade[3][3]={{55,65,75},{65,75,85},{75,80,90}};
       int i,j, * pointer;              / * 定义一个(列)指针变量 pointer * /
       for(i=0; i<3; i++)               / * 控制每个学生 * /
       {
          pointer=seek(grade+i);        / * 用行指针作实参,调用 seek()函数 * /
          if(pointer== *(grade+i))      / * 该学生至少有一项成绩不合格 * /
          {
             printf("No. %d grade list:", i+1); / * 输出该学生的序号和各项成绩 * /
             for(j=0; j<3; j++) printf("%d   ", *(pointer+j));
             printf("\n");
          }
       }
     }
```

运行结果:

```
No. 1 grade list: 55   65   75
```

程序说明:

(1)主函数中的 pointer=seek(grade+i);语句,调用 seek()函数时,将实参 grade+i(行指针)的值,复制到形参 pnt_row(行指针变量)中,使形参 pnt_row 指向 grade 数组的第 i 行。

(2)在指针函数 seek()中:

①pnt_col= *(pnt_row+1);语句中的 *(pnt_row+1)将行指针转换为列指针,指向 grade 数组的第 i+1 行第 0 列,并赋值给(列)指针变量 pnt_col。

②if(*(* pnt_row+j)<60)行的 pnt_row 是一个行指针,指向数组 grade 的第 i 行; * pnt_row 使指针由行转换为列,指向数组 grade 的第 i 行第 0 列; * pnt_row+j 的值还是一个指针,指向数组的第 i 行第 j 列; *(* pnt_row+j)是一个数据(数组元素 grade[i][j]的值)。

7.3.3　main 函数中的参数

在前面的程序中,主函数 main()都使用其无参形式。实际上,主函数 main()也是可以指定形参的。

1. 主函数 main( )的有参形式

```
main(int argc, char * argv[])
{ … }
```

(1)形参 argc 是命令行中参数的个数(可执行文件名本身也算一个)。

(2)形参 argv 是一个字符指针数组,即形参 argv 首先是一个数组(元素个数为形参 argc 的值),其元素值都是指向实参字符串的指针。

2. 实参的来源

运行带形参的主函数,必须在操作系统状态下,输入主函数所在的可执行文件名,以及所需的实参,然后回车。

命令行的一般格式为:

```
可执行文件名  实参1[  实参2]...
```

例如,在 DOS 命令提示符下使用命令:

copy a. txt b. txt

则 argc=3,argv[0]="copy",argv[1]="a. txt",argv[2]="b. txt"。

【例 7-14】 输出命令行参数。

```
main(int   argc, char * argv[])
{
  while(argc>1)
  {
    ++argv;
    printf("%s\n", * argv);
    ――argc;
  }
}
```

(1)编译、链接 test. c,生成可执行文件 test. exe。

(2)在命令行状态下运行(test. exe 所在路径下)。

例如:C:\TC> test[. exe]   hello world!

程序运行结果为:

hello world!

结果分析:

argv 是一个字符指针数组,分别存放指向"hello"和"world"的指针。

小 结 7

指针是 C 语言的重要内容之一,也是学习的重点和难点。使用指针进行数据处理十分方便,而且在实际的编程过程中也大量使用指针。指针与变量、函数、数组、结构、文件等都有密切的联系,因此,要学好指针必须从基本概念入手。

1.指向元素的指针。定义一个指向基本数据的指针,理解指针与地址之间的关系。

```
int i, * p;
p=&i;
 * p=i;
```

2.指针和数组。理解指针数组和数组指针的定义和使用。

指针数组:int * p[4],数组 p 有 4 个元素,分别存放 4 个指向整型空间的指针。

数组指针:int (* p)[4],指针 p 是一个指向含有四个元素一维数组的指针。

3.指针和函数。指针函数:int * max( ),函数 max 的返回值是一个指针型的数据,也就是说,函数 max 返回一个指向整型数据空间的指针。

函数指针:int (* max)(int ,int),指针 max 指向含有两个整型参数的函数。函数名表示函数的地址。

习 题 1

一、选择题

1.下面对于指针的描述不正确的是( )。

　　A. 一个指针变量只能指向同一类型的变量

　　B. 一个变量的地址称为该变量的指针

　　C. 只有同一类型变量的地址才能存放在指向该类型变量的指针变量之中

　　D. 指针变量可以赋任意整数,但不能赋浮点数

2.有以下程序段

```
int  * p,a=10,b=1;
p=&a;a= * p+b;
```

执行该程序段后 a 的值是( )。

　　A. 12　　　　　　B. 11　　　　　　C. 10　　　　　　D. 编译出错

3.若有以下定义和语句 int a=4,b=3, * p, * q, * w;p=&a;q=&b;w=p;

　　q=NULL;则以下选项中错误的语句是( )。

A. ＊q＝0;   B. w＝p;   C. ＊p＝a;   D. ＊p＝＊w;

4.有以下程序

main( )

{

  int a＝7,b＝8,＊p,＊q,＊r;

  p＝&a;q＝&b;

  r＝p;p＝q;q＝r;

  printf("%d,%d,%d,%d\n",＊p,＊q,a,b);

}

程序运行以后的输出结果是(　　　)。

A.8,7,8,7   B.7,8,7,8   C.8,7,7,8   D.7,8,8,7

5.设有定义语句

int x[6]＝{2,4,6,8,5,7},＊p＝x,i;

要求依次输出 x 数组 6 个元素中的值,不能完成此操作的语句是(　　　)

A. for(i＝0;i＜6;i＋＋)　printf("%2d",＊(p＋＋));

B. for(i＝0;i＜6;i＋＋)　printf("%2d",＊(p＋i));

C. for(i＝0;i＜6;i＋＋)　printf("%2d",＊p＋＋);

D. for(i＝0;i＜6;i＋＋)　printf("%2d",＊(p)＋＋);

6.有以下程序

main( )

{ char str[ ][20]＝{"Hello","Beijing"},＊p＝str[0];

  printf("%d\n",strlen(p＋20));　　　}

程序运行后的输出结果是(　　　)

A. 0   B. 5   C.7   D. 20

7.有以下程序

main( )

{

  int x[8]＝{8,7,6,5,0,0},＊s;

  s＝x＋3;

  printf("%d\n",s[2]);

}

执行后输出结果是(　　　)。

A. 随机值   B. 0   C. 5   D. 6

8.若有定义:int ＊p[3];则以下叙述中正确的是(　　　)。

A. 定义了一个基类型为 int 的指针变量 p,该变量具有三个指针

B. 定义了一个指针数组 p,该数组含有三个元素,每个元素都是基类型为 int 的指针

C. 定义了一个名为 * p 的整型数组,该数组含有三个 int 类型元素

D. 定义了一个可指向一维数组的指针变量 p,所指一维数组应具有三个 int 类型元素

9. 若有以下语句,int c[4][5],(* p)[5];p＝c;能正确引用 c 数组元素的是（　　　）

A. p＋1　　　　B. * (p＋3)　　　C. * (p＋1)＋3　　D. * (p[0]＋2))

10. 有以下程序

```
void fun(int  * a,int i,int j)
{
    int t;
    if(i<j) { t=a[i];a[i]=a[j];a[j]=t;fun(a,++i,--j);}
}
main( )
{
    int a[]={1,2,3,4,5,6},i;
    fun(a,0,5);
    for(i=0;i<6;i++)   printf("%d",a[i]);
}
```

执行后的输出结果是（　　　）

A. 6 5 4 3 2 1　　　　　　　B. 4 3 2 1 5 6

C. 4 5 6 1 2 3　　　　　　　D. 1 2 3 4 5 6

二、填空题

1. * 和 & 的作用分别是_____和_____。

2. 设 int a[5],int * p ＝ ++a;则对 a[2]的地址可以是 a＋_____和 p＋_____。

3. 若有以下定义:int a[2][3]＝{2,4,6,8,10,12};则 a[1][0]的值是_____,
 * (* (a＋0)＋1)的值是_____。

4. 以下函数的功能是删除字符串 s 中的所有数字字符。请填空。

```
void dele(char  * s)
{
    int n=0,i;
```

```
        for(i=0;s[i];i++)
          if(_____)
            s[n++]=s[i];
          s[n]=_____;
}
```

5. 以下 sstrcpy( )函数实现字符串复制,即将 t 所指字符串复制到 s 所指向内存空间中,形成一个新的字符串 s。请填空。

```
void sstrcpy(char * s,char * t)
{ while( * s++=_____);}
main( )
{
    char str1[100],str2[]="abcdefgh";
    sstrcpy(str1,str2);
    printf("%s\n",str1);
}
```

6. 以下函数的功能是,把两个整数指针所指的存储单元中的内容进行交换。请填空。

```
exchange(int * x, int * y)
{   int t; t= * y;
     * y=_____;
     * x=_____;
}
```

7. 以下函数使用指向数组元素的指针输出二维数组的所有元素,请填空。

```
main( )
{
    int a[3][4]={{11,12,31,42},{53,64,71,82},{93,11,11,12}};
    int * p,i;
    p=a[0];
    for(i=0; i<12; i++)
    {
      if (i%4==0)
        printf("\n");
        printf( %4d , *_____);
    }
}
```

三、阅读程序题

1. 以下程序运行后的输出结果是＿＿＿＿＿＿＿＿＿ 。

```
void main( )
{
    char a[]="123456789", * p; int i=0;
    p=a;
    while( * p)
    {
        if(i%2==0) * p='*';
            p++;i++;
    }
    puts(a);
}
```

2. 以下程序运行后的输出结果是＿＿＿＿＿＿＿＿＿ 。

```
void w( int y,int * x)
{   y=y+ * x;   * x= * x+y;   }
main( )
{   int x=2,y=4;
    w(y,&x);
    printf("%d,%d\n",x++,++y);
}
```

3. 以下程序运行后的输出结果是＿＿＿＿＿＿＿＿＿ 。

```
void main( )
{   char * a[]={"Perfect","Beautiful","Goodnight","Think"   };
    char    * * p;
    int j;
    p=a+3;
    for(j=2;j>=0;j--)
      printf("%s\n", * (p--));
}
```

四、程序设计题

1. 输入 3 个数,用指针的方法实现由小到大排序,并输出结果。

2. 用指针的方法编写程序,提取输入字符串中的所有数字。

3. 输入一行文字,用指针的方法统计其中大写字母、小写字母、空格、数字及其他字符的个数。

4.用指针的方法编写一个函数,求一个 3×3 矩阵对角线的和。

5.用指针实现一个有 n 个元素的一维数组的输入、输出,并求这 n 个元素的最大值。

6.用指针编写函数,计算输入的字符串的串长。

7.用指针编写函数,计算一个字符在字符串中出现的次数。

8.利用指向函数的指针,求两个数的和与差。

第 8 章 结构体与共用体

扫一扫，获取程序代码

教学目标

◇ 掌握结构体类型的定义。

◇ 掌握结构体变量的定义、初始化及引用。

◇ 了解结构体数组的应用。

◇ 了解指向结构体类型数据的指针的应用。

◇ 了解存储动态分配和释放，了解链表的基本概念。

◇ 掌握共用体类型的声明、共用体变量的定义、成员的引用。

◇ 了解枚举类型变量的定义以及 typedef 的作用。

在实际问题中，一组数据往往具有不同的数据类型。例如，在学生登记表中，姓名为字符型；学号可为整型或字符串型；年龄为整型；性别为字符型；成绩可为整型或实型。显然不能用一个数组来存放这一组数据，因为数组中各元素的类型和长度都必须一致，以便于编译系统处理。为了解决这个问题，C 语言中给出了另一种构造数据类型——"结构体"。

"结构体"类型是由若干"成员"组成的。每个成员可以是同一种数据类型也可以是一种构造类型。结构体是一种"构造"而成的数据类型，那么在声明和使用之前必须先定义它，即构造它，如同在声明和调用函数之前要先定义函数一样。

8.1　结　构　体

8.1.1　结构体类型的定义

如前所述，结构体是由不同类型的数据结合而成的一种数据类型，组成结构体的每个数据称为结构体的成员。对结构体类型的定义实质上就是通知 C 语言系统该结构体由哪些成员组成，每个成员所具有的数据类型是什么。结构体类型定义的一般形式如下：

struct　［结构体名］

｛

　　数据类型名 1　成员名 1；

```
    数据类型名 2    成员名 2;
    …            …
    数据类型名 n    成员名 n;
};
```

其中,struct 是关键字,是结构体类型的标志。"结构体名"和"成员名"都是用户自定义的标识符。每个"结构成员名表"中都可以含有多个同类型的成员名,它们之间以逗号分隔。结构体中的成员名可以和程序中的其他变量同名;不同结构体中的成员也可以同名。在"}"之后跟着结构体类型定义的结束符";",注意不要遗漏。

【例 8-1】 要建立一个学生登记表,其中包括姓名、学号、年龄、性别、成绩等信息,试定义一个结构体 student 来描述这个通讯录。

定义如下的结构体类型:

```
struct student
{
    char name[15];
    int num,age;
    char sex;
    float grade;
};
```

其结构如图 8-1 所示。

name	num	age	sex	grade
15	2	2	1	4

图 8-1　结构体类型示意图

该结构体类型名为 student,它由五个成员组成。第一个成员是字符型数组 name[15],它用于保存学生姓名;第二、三个成员分别是整型变量 num、age,用于保存学号和年龄数据;第四个成员是字符型变量 sex,用于保存性别;最后一个成员是实型变量 grade,用于保存学生成绩。从本例可以看出,结构体的成员可以是变量或数组,此外,它们也可以是指针变量或者结构体。

结构体类型的定义只是声明了该结构体的组成情况,标志着这种类型的结构体"模型"已存在,编译程序并没有因此而分配任何存储空间。真正占有存储空间的仍应是具有相应结构体类型的变量、数组以及动态开辟的存储单元,只有这些"实体"才可以用来存放结构体的数据。因此,在使用结构体变量、数组或指针变量之前,必须先对这些变量、数组或指针变量进行定义。

8.1.2　结构体变量、数组的定义与引用

1. 结构体变量、数组的定义

可以用以下三种定义方式定义结构体类型的变量、数组和指针变量。

(1)紧跟在结构体类型声明之后进行定义。例如：

```
struct student
{
  char name[20];
  int num,age;
  char sex;
  float grade;
}st, person[3], * pstd;
```

此处在声明结构体类型 struct student 的同时,定义了一个结构体变量 st、含有 3 个元素的结构体数组 person 和基类型为 struct student 的指针变量 pstd。

结构体变量 st 只能存放一个学生的信息,结构体变量中的各成员在内存中按定义中的顺序依次排列。如果要存放多个学生的数据,就要使用结构体类型的数据。以上定义的数组 person 就可以存放三名学生的档案,它的每一个元素都是一个 struct student 类型的变量,仍然符合数组元素属同一数据类型这一原则。指针变量 pstd 可以指向具有 struct student 类型的存储单元,但目前还没有具体的指向。

(2)在声明一个无名结构体类型的同时,直接进行定义。例如以上定义的结构体中可以把 student 略去,写成：

```
struct
{
  char name[15];
  int num,age;
  char sex;
  float grade;
} st, person[3], * pstd;
```

这种方式与前一种的区别仅仅是省去了结构体标识名,通常用在不需要再次定义此类型结构体变量的情况。

(3)先声明结构体类型,再单独进行变量定义。例如：

```
struct student
{
  char name[15];
```

```
    int num,age;
    char sex;
    float grade;
};struct student st, person[3], * pstd;
```

此处先声明了结构体类型 struct student,再由一条单独的语句定义了变量 st、数组 person 和指针变量 pstd。

使用这种定义方式应注意:不能只使用 struct 而不写结构体标识名 student,因为 struct 不像 int、char 可以唯一的标识一种数据类型。作为构造类型,属于 struct 类型的结构体可以有任意多种具体的"模式",因此 struct 必须与结构体标识名共同来声明不同的结构体类型。此外,也不能只写结构体标识名 student 而省掉 struct。因为 student 不是类型标识符,关键字 struct 和 student 一起才唯一地确定以上所声明的结构体类型。

2. 结构体变量的引用

在程序中使用结构变量时,往往不把它作为一个整体来使用。在 C 语言中除了允许具有相同类型的结构变量相互赋值以外,一般对结构变量的使用,包括赋值、输入、输出、运算等都是通过结构变量的成员来实现的。

表示结构变量成员的一般形式是:结构变量名. 成员名

如果成员本身又是结构体类型,则必须逐级找到最低级的成员才能使用。

【例 8-2】 定义两个结构体变量 stu1,stu2。

```
struct date
{
    int month;
    int day;
    int year;
};
struct
{
    int num;
    char name[15];
    char sex;
    struct date birthday;
    float grade;
}stu1,stu2;
```

则 stu1. num 表示第一个学生的学号;stu2. sex 表示第二个学生的性别;stu1. birthday. month 表示第一个学生出生的月份,同样可以在程序中单独使用,且与普通变量完全相同。

结构变量的赋值就是给各成员赋值,可用输入语句或赋值语句来完成。

【例 8-3】　给结构体变量赋值并输出其值。

```c
#include <stdio.h>
void main( )
{
  struct student
  {
    char * name;
    int num,age;
    char sex;
    float grade;
  }stu1,stu2;
  stu1. name="张三";
  stu1. num=102;
  stu1. age=23;
  printf("input sex and grade\n");
  scanf("%c %f",& stu1. sex,& stu1. grade);
  stu2= stu1;
  printf("Name=%s\nNumber=%d\nAge=%d\n",stu2. name,stu2. num,stu2. age);
  printf("Sex=%c\nGrade=%f\n", stu2. sex, stu2. grade);
}
```

假设输入值为 m 78,则运行结果:

```
input sex and grade
m 78
Name=张三
Number=102
Age=23
Sex=m
Grade=78. 000000
```

本程序中用赋值语句给 name、num 和 age 三个成员赋值,name 是一个字符串指针变量。用 scanf 函数动态地输入 sex 和 grade 成员值,然后把 stu1 的所有成员的值整体赋予 stu2。最后分别输出 stu2 的各个成员值。本例表示了结构变量的赋值、输入和输出的方法。

3．结构体变量、数组的初始化

和一般的变量、数组一样,结构体变量和结构体数组也可以在定义的同时赋初值。给结构体变量赋初值时,所赋初值顺序放在一对花括号中,例如:

```
struct student
{
    char name[15];
    char sex;
    struct date birthday;
    float grade;
}stu1={"张三",'m',1985,1,10,78};
```

初始化后,结构体变量 stu1 的内容如图 8-2 所示。

name	sex	birthday			grade
		year	month	day	
张三	m	1985	10	1	78

图 8-2　赋值后 stu1 的内容

对结构体变量赋初值时,编译程序按每个成员在结构体中的顺序一一对应赋初值,不允许跳过前面的成员给后面的成员赋初值,但可以只给前面的若干个成员赋初值,对于后面未赋初值的成员,系统将自动为数值型数据赋初值零、为字符型数据赋初值空字符。

给结构体数组赋初值时,由于数组中的每个元素都是一个结构体,因此通常将其成员的值依次放在一对花括号中,以便区分各个元素。例如:

```
struct bookcard
{
    char num[6];
    float money;
}bk[3]={{"N1",46.5},{"N2",26.0},{"N3",77.7}};
```

也可以通过这种赋初值的方式,隐含确定结构体数组的大小。即:由编译程序根据所赋初值的成员个数决定数组元素的个数。

8.1.3　指向结构体变量的指针

如果一个指针变量用来指向一个结构体变量,则称其为结构体指针变量。结构体指针变量中的值是所指向的结构体变量的首地址。通过结构体指针即可访问该结构体变量,这与数组指针和函数指针的情况是相同的。

结构指针变量定义的一般形式为:

struct 结构体名 ＊结构体指针变量名

例如,在前面的例题中声明了 student 这个结构体,如要定义一个指向 student 的指针变量 pstu,可写为:struct student ＊ pstu;

当然也可在声明 student 结构体时同时定义 pstu。与前面讨论的各类指针变量相同,结构体指针变量也必须要先赋值才能使用。

赋值是把结构体变量的首地址赋予该指针变量,不能把结构体名赋予该指针变量。如果 stu1 是被定义过的 student 类型的结构变量,则:pstu＝&stu1;是正确的,而:pstu＝& student 是错误的。

结构体类型名只能表示一个结构形式,编译系统并不对它分配内存空间。只有当某变量被定义为这种类型的结构体时,才对该变量分配存储空间。因此上面 &student 这种写法是不正确的,编译系统无法去取一个结构体类型名的首地址。有了结构体指针变量,就能更方便地访问结构体变量的各个成员。

其访问的一般形式为:

(＊结构体指针变量). 成员名

或为:

结构体指针变量－＞成员名

例如:(＊pstu). num 或者:pstu->num

注意:此时的(＊pstu)两侧的括号不可少,因为成员符“.”的优先级高于“＊”。如去掉括号写作＊pstu. num 则等效于＊(pstu. num),这样,意义就完全不对了。

【例 8-4】 结构体指针变量的具体声明和使用方法。

```c
#include "stdio. h"
struct student
{
  char ＊ name;
  int num;
  char sex;
  float grade;
} stu1＝{"张三",102,'m',88.5},＊pstu;
void main()
{
  pstu＝&stu1;
  printf("Name＝%s\nNumber＝%d\n",stu1. name,stu1. num);
  printf("Sex＝%c\nGrade＝%f\n\n",stu1. sex,stu1. grade);
  printf("Name＝%s\nNumber＝%d\n",(＊pstu). name,(＊pstu). num);
  printf("Sex＝%c\nGrade＝%f\n\n",(＊pstu). sex,(＊pstu). grade);
```

```
    printf("Name=%s\nNumber=%d\n",pstu->name,pstu->num);
    printf("Sex=%c\nGrade=%f\n\n",pstu->sex,pstu->grade);
}
```

运行结果：

```
Name=张三
Number=102
Sex=m
Grade=88.5

Name=张三
Number=102
Sex=m
Grade=88.5

Name=张三
Number=102
Sex=m
Grade=88.5
```

本例程序定义了一个结构体 student,定义了 struct student 类型结构体变量 stu1 并作了初始化赋值,还定义了一个指向 struct student 类型结构体的指针变量 pstu。在 main 函数中,pstu 被赋予 stu1 的地址,因此 pstu 指向 stu1。然后在 printf 语句内用三种形式输出 stu1 的各个成员值。从运行结果可以看出:结构体变量.成员名、(＊结构体指针变量).成员名、结构体指针变量->成员名,这三种用于表示结构体成员的形式是完全等效的。

结构体指针变量可以指向一个结构体数组,这时指针变量的值是整个结构体数组的首地址。结构体指针变量也可以指向结构体数组的一个元素,这时结构体指针变量的值是该结构体数组元素的首地址。设 ps 为指向结构体数组的指针变量,则 ps 也指向该结构体数组的 0 号元素,ps+1 指向 1 号元素,ps+i 则指向 i 号元素。这与普通数组的情况是一致的。

【例 8-5】 用指针变量输出结构数组。

```
#include "stdio.h"
struct student
{
    char * name;
    int num;
```

```
    char sex;
float grade;
}stu[5]={{"李毛",101, 'm',45}, {"张三",102, 'm',62.5},
{"周萍",103, 'f',82.5},{"程玲",104, 'f',87},
{"王明",105, 'm',58}};
void main( )
{
    struct student  * ps;
    printf("Name\t\tNo. \tSex\tGrade\t\n");
    for(ps=stu;ps<stu+5;ps++)
    printf("%s\t\t%d\t%c\t%f\t\n", ps->name,ps->num,ps->sex,ps->grade);
}
```

运行结果:

Name	No.	Sex	Grade
李毛	101	m	45.000000
张三	102	m	62.500000
周萍	103	f	82.500000
程玲	104	f	87.000000
王明	105	m	58.000000

在程序中,定义了 struct student 结构体类型的数组 stu 并作了初始化赋值。在 main 函数内定义 ps 为指向 struct student 类型的指针。在循环语句 for 的表达式1中, ps 被赋予 stu 的首地址,然后循环 5 次,输出 stu 数组中各元素的成员值。

注意:一个结构指针变量虽然可以用来访问结构体变量或结构体数组元素的成员,但是,不能使它指向一个结构体变量的成员,也就是说不允许取一个成员的地址来赋予它。

因此,下面的赋值是错误的:ps=&stu[1]. sex;而只能是:ps=stu;(赋予数组首地址)或者是:ps=&stu[0];(赋予 0 号元素首地址)

C 语言中允许用结构体变量作函数参数进行整体传送。但是这种传送要将全部成员逐个传送,特别是成员为数组时将会使传送的时间和空间开销很大,严重地降低了程序的效率。因此最好的办法就是使用指针,即用指针变量作函数参数进行传送。这时由实参传向形参的只是地址,从而减少了时间和空间的开销。

【例 8-6】 计算一组学生的平均成绩和不及格人数,用结构指针变量作函数参数编程。

```
#include "stdio. h"
struct student
```

```
{
    char * name;
    int num;
    char sex;
    float grade;
}stu[5]={{"李毛",101,'M',45},
{"张三",102,'M',62.5},{"周萍",103,'F',82.5},
{"程玲",104,'F',87},{"王明",105,'M',58}};
void main( )
{
    struct student * ps;
    void ave(struct student * ps);
    ps= stu;
    ave(ps);
}
void ave(struct student * ps)
{
    int c=0,i;
    float ave,s=0;
    for(i=0;i<5;i++,ps++)
    {
        s+=ps->grade;
        if(ps->grade<60)  c+=1;
    }
    printf("总分=%f\n",s);
    ave=s/5;
    printf("平均值=%f\n 不及格人数=%d\n",ave,c);
}
```

运行结果：

总分=335.000000

平均值=67.000000

不及格人数=2

本程序中定义了函数 ave,其形参为结构指针变量 ps。stu 被定义为外部结构数组,因此在整个源程序中有效。在 main 函数中定义声明了结构指针变量 ps,并把 stu 的首地址赋予它,使 ps 指向 stu 数组。然后以 ps 作实参调用函数 ave。

在函数 ave 中完成计算平均成绩和统计不及格人数的工作并输出结果。由于本程序全部采用指针变量作运算和处理,故速度更快,程序效率更高。

8.1.4　链表

1.动态存储分配

在数组那一章中,曾介绍过数组的长度是预先定义好的,在整个程序中固定不变。C 语言中不允许动态数组类型。例如:int n;scanf("%d",&n);int a[n];用变量表示长度,想对数组的大小作动态声明,这是错误的。但是在实际的编程中,往往会遇到这种情况,即所需的内存空间取决于实际输入的数据,而无法预先确定。对于这种问题,用数组的办法很难解决。为了解决上述问题,C 语言提供了一些内存管理函数,这些内存管理函数可以按需要动态地分配内存空间,也可把不再使用的空间回收待用,为有效地利用内存资源提供了手段。常用的内存管理函数有如下三个:

(1)分配内存空间函数 malloc。

调用形式:(类型声明符 ＊) malloc (size)

作用:在内存的动态存储区中分配一块长度为"size"字节的连续区域。

函数的返回值为该区域的首地址。

"类型声明符"表示把该区域用于何种数据类型。(类型声明符 ＊)表示把返回值强制转换为该类型指针。"size"是一个无符号数。例如:pc=(char ＊)malloc (100);表示分配 100 个字节的内存空间,并强制转换为字符数组类型,函数的返回值为指向该字符数组的指针,把该指针赋予指针变量 pc。

(2)分配内存空间函数 calloc。

calloc 也用于分配内存空间。

调用形式:(类型声明符 ＊)calloc(n,size)

作用:在内存动态存储区中分配 n 块长度为"size"字节的连续区域。

函数的返回值为该区域的首地址。

(类型声明符 ＊)用于强制类型转换。

calloc 函数与 malloc 函数的区别仅在于一次可以分配 n 块区域。

例如:ps=(struet stu ＊) calloc(2,sizeof (struct stu));其中的 sizeof(struct stu)是求 stu 的结构长度。因此该语句的意思是:按 stu 的长度分配 2 块连续区域,强制转换为 stu 类型,并把其首地址赋予指针变量 ps。

(3)释放内存空间函数 free。

调用形式:free(void ＊ptr);

作用:释放 ptr 所指向的一块内存空间,ptr 是一个任意类型的指针变量,它指向被释放区域的首地址。被释放区应是由 malloc 或 calloc 函数所分配的区域。

【例 8-7】 分配一块区域,输入一个学生数据。

```c
#include "stdio. h"
#include "stdlib. h"
void main( )
{
  struct stu
  {
    int num;
    char * name;
    char sex;
    float grade;
  } * ps;
  ps=(struct stu * )malloc(sizeof(struct stu));
  ps->num=102;
  ps->name="张三";
  ps->sex='m';
  ps->grade=62.5;
  printf("Number=%d\nName=%s\n",ps->num,ps->name);
  printf("Sex=%c\nGrade=%f\n",ps->sex,ps->grade);
  free(ps);
}
```

运行结果:

```
Number=102
Name=张三
Sex=m
Grade=62.500000
```

本例中,定义了结构体 stu,定义了 stu 体类型指针变量 ps。然后分配一块结构体 stu 内存区,并把首地址赋予 ps,使 ps 指向该区域。再以 ps 为指向结构的指针变量对各成员赋值,并用 printf 输出各成员值。最后用 free 函数释放 ps 指向的内存空间。整个程序包含了申请内存空间、使用内存空间、释放内存空间三个步骤,实现存储空间的动态分配。

2. 链表的概念

数组作为存放同类数据的集合,给程序设计带来很多的方便,增加了灵活性。但数组也同样存在一些问题。如数组的大小在定义时要事先规定好,不能在程序中进行动态调整,这样一来,在程序设计中针对不同的问题,比如,有的班级有 100 人,而有的班只有 30 人,如果要用同一个数组先后存放不同班级的学生数据,则必须定义长度为 100 的数组。如果事先难以确定一个班的最多人数,则必须把数组定得足够大,以便足够存放任何班级的学生数据。显然这样做将会很浪费内存。

如何构造动态的数组,以便根据需要调整数组的大小,从而满足不同问题的需要。链表就是动态地进行存储分配的一种结构,可以根据需要开辟内存单元,它是一种常见的重要的数据结构。如图 8-3 所示,就是一种最简单链表(单向链表)结构。

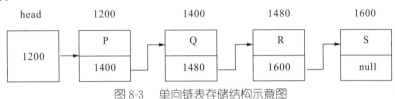

图 8-3　单向链表存储结构示意图

链表中每一个元素称为"结点",每个结点都应包括两个部分:一部分为用户需要用的实际数据,另一部分为下一个结点的地址。链表有一个"头指针"变量,在图 8-3 中以 head 表示,它指向链表中第一个结点(即存放第一个数据元素的地址),可以看出,head 指向第一个结点;第一个结点又指向第二个结点……直到最后一个结点,该结点不再指向其他结点,它称为"表尾",它的地址部分放一个"NULL"(表示"空地址"),链表到此终止。

一般来说链表中各数据结点在内存中可以不是连续存放的。要找某一元素,必须先找到上一个元素,根据它提供的下一元素地址才能找到下一个元素。如果不提供"头指针"(head),则整个链表都无法访问。链表如同一条铁链一样,一环扣一环,中间是不能断开的。

可以看到,这种链表的数据结构,必须利用到指针变量才能实现。即:一个结点中应包含一个指针变量,用它存放下一结点的地址。

前面已经介绍过结构体变量,用其作链表中的结点是最合适的。一个结构体变量包含若干成员,这些成员可以是数值类型、字符类型、数组类型,也可以是指针类型。我们用这个指针类型成员来存放下一个结点的地址。例如,可以设计这样一个结构体类型:

```
struct   student
{
  int   num;
  float   grade;
  struct   student * next;
};
```

其中成员 num 和 grade 用来存放结点中的有用数据(用户需要用到的数据)。next 是指针类型的成员,它指向 struct student 类型数据(这就是 next 所在的结构体类型)。一个指针类型的成员既可以指向其他类型的结构体数据,也可以指向自己所在的结构体类型的数据。现在,next 是 struct student 类型中的一个成员,它又指向 struct student 类型的数据。用这种方法就可以建立链表,如图 8-4 所示。

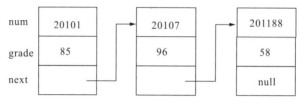

图 8-4   建立简单链表

图 8-4 中每一个结点都属于 struct student 类型,它的成员 next 存放下一结点的地址,程序设计人员可以不必具体知道各结点的地址,只要保证将下一个结点的地址放到前一结点的成员 next 中即可。注意上面只是定义了一个 struct student 类型,并未实际分配存储空间。只有定义了变量才分配内存单元。

(1)单链表。

下面通过一个例子来声明如何建立和输出一个简单链表。

【例 8-8】   建立一个如图 8-4 所示的简单链表,它由 3 个学生数据的结点组成,输出各结点中的数据。

```c
#define   NULL   0
#include "stdio. h"
struct student
{
  long num;
  float grade;
  struct student * next;
};
void main()
{
  struct student s,q,w, * head, * p;
  s. num=101; s. grade=88;      /* 对结点 s 的 num 和 grade 成员赋值 */
  q. num=103; q. grade=89.5;    /* 对结点 q 的 num 和 grade 成员赋值 */
  w. num=107; w. grade=95;      /* 对结点 w 的 num 和 grade 成员赋值 */
  head=&s;                      /* 将结点 s 的起始地址赋给头指针 head */
  s. next=&q;                   /* 将结点 q 的起始地址赋给 s 结点的 next 成员 */
  q. next=&w;                   /* 将结点 w 的起始地址赋给 q 结点的 next 成员 */
```

```
    w. next=NULL;          / * w 结点的 next 成员不存放其他结点地址 * /
    p=head;                / * 使 p 指针指向 a 结点 * /
    do
      { printf("%ld %5. 1f\n",p—>num,p—>grade); / * 输出 p 指向的结点的数据 * /
        p=p—>next;         / * 使 p 指向下一结点 * /
      } while(p! =NULL);   / * 输出完 c 结点后 p 的值为 NULL * /
}
```

运行结果：

```
101    88. 0
103    89. 5
107    95. 0
```

程序开始使 head 指向 s 结点，s. next 指向 q 结点，q. next 指向 w 结点，这就构成链表关系。"w. next=NULL"的作用是使 w. next 不指向任何有用的存储单元。在输出链表时要借助 p，先使 p 指向 s 结点，然后输出 s 结点中的数据，"p=p—>next"是为输出下一个结点做准备。p—>next 的值是 q 结点的地址，因此执行"p=p—>next"后，p 就指向 q 结点，所以在下一次循环时输出的是 q 结点中的数据。本例是比较简单的，所有结点都是在程序中定义的，不是临时开辟的，也不能用完后释放，这种链表称为"静态链表"。

（2）建立动态链表。

所谓建立动态链表是指在程序执行过程中从无到有地建立起一个链表，即一个一个地开辟结点和输入各结点数据，并建立起前后相连的关系。

【例 8-9】 写一函数建立一个有 4 名学生数据的单向动态链表。

设 3 个指针变量 head、p1、p2，它们都是用来指向 struct student 类型数据的。先用 malloc 函数开辟第一个结点，并使 p1、p2 指向它。然后从键盘读入一个学生的数据给 p1 所指的第一个结点。我们约定学号不会为零，如果输入的学号为 0，则表示建立链表的过程完成，该结点不应连接到链表中。先使 head 的值为 NULL（即等于 0），这是链表为"空"时的情况（即 head 不指向任何结点，链表中无结点），以后增加一个结点就使 head 指向该结点。算法如图 8-5 所示。

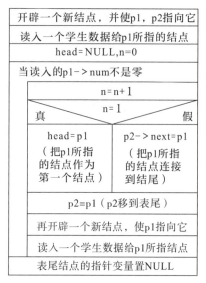

图 8-5　建立动态链表算法

建立链表的函数如下：

```
#include <malloc.h>
#define NULL 0
#define LEN sizeof(struct student)
struct student
{
  long num;
  float grade;
  struct student * next;
};
int n;                    /* n 为全局变量,本模块中各函数均可使用它 */
struct student * creat(void)/* 定义函数,此函数带回一个指向链表头的指针 */
{
  struct student * head;
  struct student * p1, * p2;
  n=0;
  p1=p2=( struct student * ) malloc(LEN);   /* 开辟一个新单元 */
  scanf("%ld,%f",&p1->num,&p1->grade);
  head=NULL;
  while(p1->num! =0)
  {
    n=n+1;
```

```
        if(n==1)  head=p1;
        else  p2->next=p1;
        p2=p1;
        p1=(struct student *)malloc(LEN);
        scanf("%ld,%f",&p1->num,&p1->grade);
    }
    p2->next=NULL;
    return(head);
}
```

函数首部在括弧内写 void,表示本函数没有形参,不需要进行数据传递。

可以在 main 函数中调用 creat 函数:

```
main( )
{  …
    creat( );       /* 调用 creat 函数后建立了一个单向动态链表 */
}
```

调用 creat 函数后,函数的值是所建立的链表的第一个结点的地址。

注意:

①n 是结点个数。

②这个算法的思路是让 p1 指向新开的结点,把 p1 所指的结点连接在 p2 所指的结点后面,用"p2->next=p1"来实现。

(3)输出链表。

将链表中各结点的数据依次输出,首先要知道链表第一个结点的地址(head 的值),设一个指针变量 p,先指向第一个结点,输出 p 所指的结点。然后使 p 后移一个结点,再输出,直到链表的尾结点。

【例 8-10】　编写一个输出链表的函数。

```
void output(struct student * head)
{
    struct student  * p;
    p=head;
    if(head! =NULL)
      do
      { printf("%ld %5.1f\n",p->num,p->grade);
        p=p->next;
      } while(p! =NULL);
}
```

先将 p 指向第一结点,在输出完第一个结点之后,p 移动指向第二个结点。程序中 p=p—>next 的作用是将 p 原来所指向的结点中 next 值赋给 p,而 p—>next 的值就是第二个结点的起始地址。将它赋给 p,就是使 p 指向第二个结点。head 的值由实参传过来,也就是将已有的链表的头指针传给被调用的函数,在 output 函数中从 head 所指的第一个结点出发顺序输出各个结点。

(4)对链表的删除操作。

已有一个链表,希望删除其中某个结点。打个比方:五个人 A、B、C、D、E 手拉手,如图 8-6(a)所示。如果某人 C 有事想离队,而队形仍保持不变。只要将 C 的手从两边脱开,B 改为与 D 拉手即可,如图 8-6(b)所示。

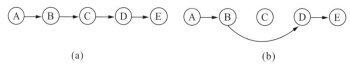

(a)　　　　　　　　　　　　　　　(b)

图 8-6　删除链表中的结点

与此相仿,从一个动态链表中删去一个结点,并不是真正从内存中把它抹掉,而是把它从链表中分离开来,只要撤消原来的链接关系即可。

【例 8-11】　写一函数删除动态链表中指定的结点。

以指定的学号作为删除结点的标志。例如,输入 88103 表示要求删除学号为 88103 的结点。解题的思路是这样的:从 p 指向的第一个结点开始,检查该结点中的 num 值是否等于输入的要求删除的那个学号。如果相等就将该结点删除,如不相等,就将 p 后移一个结点,再如此进行下去,直到遇到表尾为止。

设两个指针变量 p1 和 p2,先使 p1 指向第一个结点(图 8-7(a))。如果要删除的不是第一个结点,则使 p1 后指向下一个结点(将 p1—>next 赋给 p1),在此之前应将 p1 的值赋给 p2,使 p2 指向刚才检查过的那个结点,见图 8-7(b)。如此一次一次地使 p 后移,直到找到所要删除的结点或检查完全部链表都找不到要删除的结点为止。如果找到某一结点是要删除的结点,还要区分两种情况:①要删的是第一个结点(p1 的值等于 head 的值,如图 8-7(a)那样),则应将 p1—>next 赋给 head。见图 8 7(c)。这时 head 指向原来的第二个结点。第一个结点虽然仍存在,但它已与链表脱离,因为链表中没有一个结点或头指针指向它。虽然 p1 还指向它,它仍指向第二个结点,但仍无济于事,现在链表的第一个结点是原来的第二个结点,原来第一个结点已“丢失”,即不再是链表中的一部分了。②如果要删除的不是第一个结点,则将 p1—>next 赋给 p2—>next,见图 8-7(d)。p2—>next 原来指向 p1 指向的结点(图中第二个结点),现在 p2—>next 改为指向 p1—>next 所指向的结点(图中第三个结点)。p1 所指向的结点不再是链表的一部分。此外还需要考虑链表是空表(无结点)和链表中找不到要删除的结点的情况。

删除结点的函数如下:

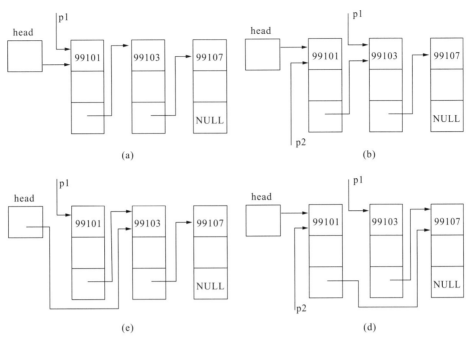

图 8-7　删除动态链表中指定的结点

```
struct student   delete(struct student * head,long num)
{
    struct student  * p1, * p2;
    if (head==NULL)
    { printf("\nlist null! \n"); return (head);    }
    p1=head;
    while(num! =p1->num && p1->next! ==NULL)
                  /* p1 指向的不是所要找的结点,并且后面还有结点 */
    {p2=p1;p1=p1->next;}          /* p1 后移一个结点 */
    if(num==p1->num)              /* 找到了 */
    {
        if(p1==head)    head=p1->next;
                /* 若 p1 指向的是首结点,把第二个结点地址赋予 head */
        else p2->next=p1->next; /* 否则将下一结点地址赋给前一结点地址 */
        printf("delete:%ld\n",num);
        n=n-1;                                /* 结点数减 1 */
    }
    else   printf("%ld not been found! \n",num);   /* * 找不到该结点 */
    return(head);
}
```

(5)对链表的插入操作。

对链表的插入是指将一个结点插入到一个已有的链表中。若已有一个学生链表,各结点是按其成员项 num(学号)的值由小到大顺序排列的。今要插入一个新生的结点,要求按学号的顺序插入。为了能做到正确插入,必须解决两个问题:① 怎样找到插入的位置;② 怎样实现插入。如果有一个班学生,按身高顺序(由低到高)手拉手排好队。现在来了一名新同学,要求按身高顺序插入队中。首先要确定插到什么位置。可以将新同学先与队中第 1 名学生比身高,若新同学比第 1 名学生高,就使新同学后移一个位置,与第 2 名学生比,如果仍比第 2 名学生高,再往后移,与第 3 名学生比……直到出现比第 i 名学生高,比第 i+1 名学生低的情况为止。显然,新同学的位置应该在第 i 名学生之后,在第 i+1 名学生之前。在确定了位置之后,让第 i 名学生与第 i+1 名学生的手脱开,然后让第 i 名学生的手去拉新同学的手,让新同学另外一只手去拉第 i+1 名学生的手。这样就完成了插入,形成了新的队列。

根据上述思路来实现链表的插入操作。先用指针变量 p0 指向待插入的结点,p1 指向第一个结点。见图 8-8(a)。将 p0->num 与 p1->num 相比较,如果 p0->num>p1->num,则待插入的结点不应插在 p1 所指的结点之前。此时将 p1 后移,并使 p2 指向刚才 p1 所指的结点,见图 8-8(b)。再将 p1->num 与 p0->num 比。如果仍然是 p0->num 大,则应使 p1 继续后移,直到 p0->num≤p1->num 为止。这时将 p0 所指的结点插到 p1 所指结点之前。但是如果 p1 所指的已是表尾结点,则 p1 就不应后移了。如果 p0->num 比所有结点的 num 都大,则应将 p0 所指的结点插到链表末尾。如果插入的位置既不在第一个结点之前,又不在表尾结点之后,则将 p0 的值赋给 p2->next,使 p2->next 指向待插入的结点,然后将 p1 的值赋给 p0->next,使得 p0->next 指向 p1 指向的变量,见图 8-8(c)。可以看到,在第一个结点和第二个结点之间已插入了一个新的结点。如果插入位置为第一个结点之前(即 p1 等于 head 时),则将 p0 赋给 head,将 p1 赋给 p0->next,见图 8-8(d)。如果要插到表尾之后,应将 p0 赋给 p1->next,NULL 赋给 p0->next,见图 8-8(e)。

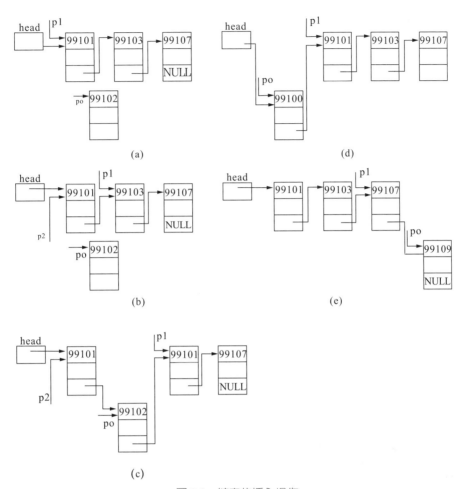

图 8-8　链表的插入操作

插入结点的函数如下。

```
struct student * insert(struct student * head,struct student * stud)
{
  struct student * p0, * p1, * p2;
  p1＝head;                /*  使 p1 指向第一个结点   */
  p0＝stud;                /*  p0 指向要插入的结点   */
  if(head＝＝NULL)          /* * 原来的链表是空表 * */
  {  head＝p0; p0－＞next＝NULL;}/* 使 p0 指向的结点作为头结点   */
  else
  {  while((p0－＞num＞p1－＞num) && (p1－＞next! ＝NULL))
    {
      p2＝p1;                /*  使 p2 指向刚才 p1 指向的结点   */
      p1＝p1－＞next;}        /*  p1 后移一个结点   */
      if(p0－＞num＜p1－＞num)
```

```
            {
            if(head==p1)   head=p0;      /* *插到原来第一个结点之前   */
            else p2->next=p0;            /* *插到 p2 指向的结点之后 */
            p0->next=p1;
            }
        else   { p1->next=p0; p0->next=NULL;} /* 插到最后的结点之后 */
            }
        n=n+1;      /* *结点数加 1 */
        return(head);
    }
```

函数参数是 head 和 stud。stud 也是一个指针变量,从实参传来待插入结点的地址给 stud。语句 p0=stud 的作用是使 p0 指向待插入的结点。函数类型是指针类型,函数值是链表起始地址 head。

(6)对链表的综合操作。将以上建立、输出、删除、插入的函数组织在一个 C 程序中,即将 4 个函数顺序排列,用 main 函数作主调函数,可以写出以下程序。

```
#include"stdio. h"
main( )
{
    struct student * head, * stu;
    long del-num;
    printf("input records:\n");
    head=creat();
    output (head);
    printf("\ninput the deleted number:");
    scanf("%ld",&del-num);
    while(del-num! =0)
    {
        head=delete(head,del-num);
        output (head);
        printf("input the deleted number:");
        scanf("%ld",&del-num);
    }
    printf("\ninput the inserted record:");
    stu=(struct student * )malloc(LEN);
    scanf("%ld,%f",&stu->num,&stu->grade);
```

```
    while(stu->num! =0)
  {
    head=insert(head,stu);
    output (head);
    printf("input the inserted record:");
    stu=(struct student * )malloc(LEN);
    scanf("%ld,%f",&stu->num,&stu->grade);
  }
}
```

stu 定义为指针变量,在需要插入时先用 malloc 函数开辟一个内存区,将其起始地址经强制类型转换后赋给 stu,然后输入此结构体变量中各成员的值。对不同的插入对象,stu 的值是不同的,每次指向一个新的 struct student 变量。在调用 insert 函数时,实参为 head 和 stu,将已建立的链表起始地址传给 insert 函数的形参,将 stu(即新开辟的单元的地址)传给形参 stud,返回的函数值是经过插入之后的链表的头指针(地址)。

运行情况如下:

```
input records:
    88105,88. 5↵
    88106,80. 5↵
    88107,77↵
    0,0↵
    Now,These 3 records are:
    88105      88. 5
    88106      80. 5
    88107      77. 0
    input the deleted number:88106↵
    delete:88106
    Now,these 2 records are:
    88105      88. 5   88107       77. 0
    input the deleted number:88105↵
    delete:88105
    Now,These 1 record are:
    88107      77. 0↵
    input the inserted record:88108,87↵
    Now,These 2 records are:
```

```
88107        77.0
88108        87.0
input the inserted record:88109,65↵
Now,These 3 records are:
88107        77.0
88108        87.0
88109        65.0
input the inserted record:0,0
```

除了单向链表之外,还有环形链表、双向链表等,在此不作声明。

8.2 共 用 体

在实际问题中有很多这样的例子,例如在校师生填写以下表格内容,姓名、年龄、职业、单位。"职业"一项可分为"教师"和"学生"两类。对"单位"一项学生应填入班级编号,教师应填入某系。班级用整型表示,系用字符数组类型,如表 8-1 所示。要求把这两种类型不同的数据都填入"单位"这个变量中,就必须把"单位"定义为包含整型和字符数组这两种类型的"共用体"。

表 8-1 学校人员信息登记表

name	age	sex	classes or department
li ming	20	f	504
zhang fei	45	m	cs
wang quan	18	m	402

这种使几个不同的变量共占同一段内存的结构,称为共用体类型结构,以关键字 union 来标明。

8.2.1 共用体类型的定义和共用体变量

定义一个共用体类型的一般形式为:

```
union 共用体名
{
     成员列表
};
```

成员表中含有若干成员,成员的一般形式为:

类型声明符 成员名;

共用体名和成员名的命名应符合标识符的规定。例如:

```
union ren
{
  int classes;
  char office[10];
};
```

定义了一个名为 ren 的共用体类型,它含有两个成员,一个为整型,成员名为 classes;另一个为字符数组,数组名为 office。

共用体类型定义之后,即可进行共用体变量声明,被声明为 union ren 类型的变量,可以存放整型量 classes 或存放字符数组 office。

共用体变量的定义方式与结构体变量类似,也有三种形式。即定义类型同时定义变量、先定义类型,再定义变量、直接定义变量。

(1)共用体变量定义的一般形式:

```
union 共用体名
{
  成员列表;
} 变量表;
```

以 ren 类型为例,定义如下:

```
union ren
{
  int classes;
  char office[10];
}a,b;     /* 定义 a,b 为 ren 类型 */
```

(2)先定义类型,再定义变量。

```
union ren
{
  int classes;
  char office[10];
};
union ren a,b;
```

(3)直接定义变量。

```
union
{
  int classes;
  char office[10];
}a,b;
```

经声明后的 a,b 变量均为 ren 类型。它们的内存分配示意图如图 8-9 所示。a,b 变量的长度应等于 ren 的成员中最长的长度,即等于 office 数组的长度,共 6 个字节。

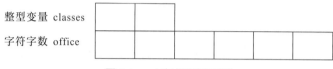

图 8-9　内存分配示意图

从图中可见,a,b 变量如赋予整型值时,只使用了 2 个字节,而赋予字符数组时,可用 6 个字节。

"共用体"与"结构体"有一些相似之处。但两者有本质上的不同。在结构体中各成员有各自的内存空间,一个结构体变量的总长度是各成员长度之和。而在"共用体"中,各成员共享一段内存空间,一个共用体变量的长度等于各成员中最长的长度。例如上面定义的共用体变量 a,b 所占的存储区与 office 成员所占的内存字节数相同,因为 office 成员变量占用的字节数超过了 int 型的 classes 变量。

应当注意的是,这里所谓的共享不是指把多个成员同时装入一个共用体变量内,而是指该共用体变量可被赋予任一成员值,但每次只能赋一种值,输入新值则除去旧值。如前面介绍的"单位"变量,如定义为一个可装入"班级"或"系"的共用体变量后,就允许赋予整型值(班级)或字符串(系)。要么赋予整型值,要么赋予字符串,不能把两者同时赋予它。

8.2.2　共用体变量的赋值和应用

对共用体变量的赋值和使用都只能是对变量的成员进行。共用体变量的成员表示为:共用体变量名. 成员名。例如:a 被声明为 ren 类型的变量之后,可使用 a. classes＝101;将 101 赋值给 a 的 classes 成员。a. office＝"physics";则是将字符串"physics"赋值给 a 的 office 成员。不允许只用共用体变量名作赋值或其他操作,也不允许对共用体变量作初始化赋值。还要再强调声明的是,一个共用体变量,每次只能赋了一个成员值,换句话说,一个共用体变量的值就是共用体变量的某一个成员值。

对于共用体变量的应用需要注意如下几个问题:

(1)由于共用体变量中的各个成员都共用一段存储空间,所以在任一时刻,只能有一种类型的数据存放在共用体变量中,也就是说任一时刻,只有一个成员有效,其他成员无意义。

(2)在引用共用体变量时,必须保证对其存储类型的一致性,如果最近一次存入共用体变量 a 中的是一个整数,那么下一次取 a 变量中的内容也应该是一个整数,否则将无法保证程序的正常工作。

（3）共用体变量不能用作函数参数，在定义共用体变量时也不能分别对其成员进行初始化。例如下面的初始化过程是错误的。

```
union data
{
    float   f;
    int   i;
    char   ch;
} a={1.53,20,'A'};
```

（4）共用体变量可以出现在结构体类型中，结构体变量也可以出现在共用体类型中。

【例 8-12】　设有一个教师与学生通用的表格，教师数据有姓名、年龄、职业、教研室四项。学生有姓名、年龄、职业、班级四项。编程输入人员数据，再以表格输出。

```
#include "stdio.h"
void main( )
{
    struct
    {
        char name[10];
        int age;
        char sex;
        char job;
        union
        {
            int classes;
            char office[10];
        } depa;
    }body[2];
    int n,i;
    for(i=0;i<2;i++)
    {
        printf("input name,age,sex,job and department\n");
        scanf("%s %d %c %c",body[i].name,&body[i].age,&body[i].sex,
&body[i].job);
        if(body[i].job=='s')   scanf("%d",&body[i].depa.classes);
        else   scanf("%s",body[i].depa.office);
```

```
        }
    printf("name age job classes/office\n");
    for(i=0;i<2;i++)
    {
        if(body[i].job=='s')
            printf("%s%3d %3c %3c %d\n",body[i].name,body[i].age,body[i].
job,body[i].depa.classes);
        else
            printf("%s%3d %3c %3c %s\n",body[i].name,body[i].age,body[i].
job,body[i].depa.office);
    }
}
```

运行结果:

```
input name,age,sex,job and department↵
li ming 20 f s  ↵
  504
input name,age,sex,job and department↵
name age job classes/office
li ming 20 f 504
zhang fei 45 m cs
```

程序中用一个结构体数组 body 来存放人员数据,该结构体类型共有四个成员。其中成员项 depa 是一个共用体类型,这个共用体类型又由两个成员组成,一个为整型量 classes,一个为字符数组 office。在程序的第一个 for 语句中,输入人员的各项数据,先输入结构体的前三个成员 name、age 和 job,然后判别 job 成员项,如为"s"则对共用体成员 depa.classes 输入(对学生赋班级编号),否则对 depa.office 输入(对教师赋教研室名)。

在用 scanf 语句输入时要注意,凡为数组类型的成员,无论是结构体成员还是共用体成员,在该项前不能再加"&"运算符。如程序第 18 行中 body[i].name 是一个数组类型,第 22 行中的 body[i].depa.office 也是数组类型,因此在这两项之间不能加"&"运算符。程序中的第二个 for 语句用于输出各成员项的值。

8.3　枚　举　类　型

有些变量的数据取值范围很有限,例如星期的取值就只能是星期一至星期日七个数值;逻辑学上常用的布尔型变量只能取 0、1 两个值。C 语言为支持这种数据的表示,引入了枚举类型。枚举类型也是用户自定义类型,用关键字 enum 表示。

8.3.1　枚举类型的定义和枚举变量

1. 枚举类型的定义

枚举类型定义的一般形式为:

　　　　enum 枚举名{ 枚举值表 };

在枚举值表中应罗列出所有可用值,这些值也称为枚举元素。

例如:当使用 Sun、Mon…Sat 来作为星期的数值时,首先进行如下定义:

enum weekday {Sun,Mon,Tue,Wed,Thu,Fri,Sat};

该枚举名为 weekday,枚举值共有 7 个,即一周中的七天。{}中列出了 enum weekday 可以取的值,后面的";"是定义结束的标志,不能省略。凡被声明为 enum weekday 类型变量的取值只能是七天中的某一天。

又如,对逻辑变量 boolean,可以定义如下:

enum boolean { false, true };

则 enum boolean 型的变量可以有 false,true 两种取值。

2. 枚举变量

有了枚举类型的定义之后,就可以定义相应的枚举变量,定义形式如下:

　　　　enum 枚举类型名 枚举变量名;

例如,有了上面对 enum weekday 的声明,则可定义如下变量:

enum weekday a;

如同结构体和共用体一样,枚举变量也可用不同的方式声明,即先定义后声明、同时定义声明或直接声明。

设有变量 a,b,c 被声明为上述的 day,可采用下述任一种方式:

enum weekday { Sun,Mon,Tue,Wed,Thu,Fri,Sat }; enum weekday a,b,c;

或者为:enum weekday{ Sun,Mon,Tue,Wed,Thu,Fri,Sat }a,b,c;

或者为:enum { Sun,Mon,Tue,Wed,Thu,Fri,Sat }a,b,c;

8.3.2　枚举变量的赋值和使用

枚举类型在使用中有以下规定:

(1)枚举值是常量,不是变量。不能在程序中用赋值语句再对它赋值。

例如对枚举 weekday 的元素再作赋值:Sun=5; Mon=2; Sun=Mon;都是错误的。

(2)枚举元素本身由系统定义了一个表示序号的数值,从 0 开始顺序定义为 0,1,2…

如在 weekday 中,Sun 值为 0,Mon 值为 1,… ,Sat 值为 6。

【例 8-13】 枚举变量的使用。

```
void main( )
{
    enum weekday { Sun,Mon,Tue,Wed,Thu,Fri,Sat } a,b,c;
    a=Sun; b=Mon; c=Tue;
    printf("%d,%d,%d",a,b,c);
}
```

运行结果:

```
0,1,2
```

说明:

(1)只能把枚举值赋予枚举变量,不能把元素的数值直接赋予枚举变量。例如:a=Sun; b=Mon; 是正确的。而:a=0; b=1; 是错误的。

(2)如果一定要把数值赋予枚举变量,则必须用强制类型转换:

a=(enum weekday)2;

其意义是将顺序号为 2 的枚举元素赋予枚举变量 a,相当于:

a=Tue;

(3)枚举元素的值也可以改变,可在定义时由程序员指定。例如:

enum weekday{Sun=7,Mon=1,Tue,Wed,Thu,Fri,Sat}workday,weekend;

定义 Sun 为 7,Mon=1,以后顺序加 1,Sat 为 6。

(4)枚举元素不是字符常量也不是字符串常量,使用时不要加单、双引号。

8.4 用 typedef 定义类型

前述的结构体、共用体、枚举类型等都是用户自定义的数据类型,在使用时,必须将关键字和用户自定义的类型标识符连用,例如:struct regist myregist; union udata datum; enum day a;关键字的部分必须要同时出现,因为它们只有形成整体才代表了一个用户定义的类型。能不能只用一个标识符来表示用户定义的新类型呢? 这就是本节要解决的问题。

C 语言不仅提供了丰富的数据类型,而且还允许由用户自己定义类型声明符,也就是说允许由用户为数据类型取"别名"。类型定义符 typedef 即可用来完成此功能。例如,有整型量 a,b,其定义如下:

　　　　int a,b;

int 的完整写法为 integer,为了增加程序的可读性,可把整型声明符用 typedef 定义为:

　　　　typedef int INTEGER;

这以后就可用 INTEGER 来代替 int 作整型变量的类型声明了。

例如:INTEGER a,b;它等效于:int a,b;

用 typedef 定义数组、指针、结构等类型将带来很大的方便,不仅使程序书写简单而且使意义更为明确,因而增强了可读性。

typedef 定义的一般形式为:

　　　　typedef　原类型　新类型名;

其中原类型是系统提供的标准类型或已经定义过的其他结构体、共用体、枚举类型,且若为非标准类型时应含有定义部分,新类型名一般用大写表示,以便于区别。typedef 的功能是将原类型取一个新的名字,这个名字就是新类型名。

例如:typedef char NAME[20];表示 NAME 是字符数组类型,数组长度为 20,然后可用 NAME 声明变量。

例如:NAME a1,a2,s1,s2;完全等效于:char a1[20],a2[20],s1[20],s2[20];

又如:

typedef struct stu

{

　　char name[20];

　　int age;

　　char sex;

} STU;

定义 STU 表示 stu 的结构类型,然后可用 STU 来声明结构变量:STU body1,body2;

【例 8-14】　示例程序。

```
#include <stdio.h>
typedef union
{   long i;
    int k[4];
    char ch;
}DATE;                          /* 定义共用体类型 DATE */
DATE date;                      /* 用 DATE 定义共用变量 date */
void main( )
{printf("%d\n",sizeof(date));   } /* 求 date 的长度并输出 */
```

运行结果：

8

共用变量 date 的长度等于共用体中最长的元素的长度，本例中为整型数组 k，其长度为 8 个字节，故程序的输出结果为 8。

小 结 8

本章重点介绍了两种构造类型：结构体和共用体（联合类型），它与前面学过的数组类型的区别在于：数组由一组具有相同类型的数据标号组成，定义后可按引用在计算机内存占有一片连续的空间，而结构体和共用体可由若干不同的类型的数据项构成结构类型，在定义结构类型时系统不为它分配存储空间，只有引用该类型定义变量时，才为其分配存储空间。

本章主要的讲解内容如下：

(1)结构体类型定义。对结构体变量可以使用输入、输出操作。

(2)结构体数组的定义及初始化。

(3)结构体类型数据指针。

(4)建立链表、输出链表、链表的删除、输入操作。

(5)联合类型及变量定义、引用方式。

(6)枚举类型和用 typedef 定义类型。

习 题 8

一、单项选择题

1.若有以下声明，则_____的叙述是正确的。

struct st{ int a;　int b[2];　}a;

A. 结构体变量 a 与结构体成员 a 同名，定义是非法的

B. 程序只在执行到该定义时才为结构体 st 分配存储单元

C. 程序运行时为结构体变量 a 分配 6 个字节存储单元

D. 程序运行时为结构体 struct st 分配 6 个字节存储单元

2.已知 struct sk{ int a; float b; }data, * p;

若有 p=&data，则对 data 中的成员 a 的正确引用是_____。

A. (* p). data　　　　　B. (* p). a

C. p—>data. a　　　　　D. p. data. a

3. 已知学生记录描述为

```
struct student
{
    int no;
    char name[20];
    char sex;
    struct
    {
        int year;
        int month;
        int day;
    }birth;
};
struct student s;
```

设变量 s 中的"生日"是"1884 年 1 月 1 日",下列对"生日"的正确赋值方式是_____。

A. year=1884;month=1;day=1;

B. birth. year=1884;birth. month=1;birth. day=1;

C. s. year=1884;s. month=1;s. day=1;

D. s. birth. year=1884;s. birth. month=1;s. birth. day=1;

4. 已知函数原型为 struct tree * f(int x1,int * x2,struct tree x3,struct tree * x4),其中 tree 为已定义过的结构,且有下列变量定义:

struct tree pt, * p;int i;

请选择正确的函数调用语句_____。

A. &pt=f(10,&i,pt,p);

B. p=f(i++,(int *)p,pt,&pt);

C. p=f(i+1,&(i+2), * p,p);

D. f(i+1,&i,p,p);

5. 已知 union{int i; char c; float f; }test;

则 sizeof(test)的值是_____。

A. 4　　　　　　　B. 5　　　　　　　C. 6　　　　　　　D. 7

6. 以下有关结构体和共用体的叙述中,正确的是_____。

A. 可以对结构体类型和结构体类型变量赋值、存取或运算

B. 结构体类型一经定义,系统就给它分配了所需的内存单元

C. 结构体变量和共用体变量所占内存长度是各成员所占的内存长度之和

D. 定义共用体变量后，不能直接引用共用体变量，只能引用共用体变量中的成员

7. 若已建立以下链表结构，指针 p、q 分别指向图中所示结点，则不能将 q 所指的结点插入到链表末尾的一组语句是_____。

    A. q−>next＝NULL;p=p−>next;p−>next=q;

    B. p=p−>next;q−>next= p−>next;p−>next=q;

    C. p=p−>next;q−>next=p;p−>next=q;

    D. p=(＊p).next;(＊q).next=(＊p).next;(＊p).next=q;

8. 以下枚举类型的定义中正确的是_____。

    A. enum a＝{one，two，three };

    B. enum a{one=8，two=−1，three };

    C. enum a＝{″one″，″two″，″three″ };

    D. enum a{″one″，″two″，″three″ };

9. 以下各选项企图声明一种新类型名，其中正确的是_____。

    A. typedef a1 int;   B. typedef a1＝int;

    C. typedef int a1;   D. typedef a1;int;

二、填空题

1. 已知赋值语句 wang. year＝2005;判断 wang 是_____类型的变量。

2. 已知

```
union{   int x;
         struct
         {
            char c1;
            char c2;
         }b;
      }a;
```

执行语句 a. x=0x1234;之后,a. b. c1 的值为_____,a. b. c2 的值为_____(用十六进制表示)。

3. typedef double DOU;的作用是_____。

4. 设有定义 enum team {my,your＝3,his,her＝his＋5};则枚举元素 my,your,her 的值分别为_____。

5. 已知

　　struct {

　　　　　　int x；

　　　　　　int y；

　　　　　}s[2]＝{{1,2},{3,4}},＊p＝s；

　　则表达式＋＋p－>x 的值为_____,表达式(＋＋p)－>x 的值为____

____。

6. 已知结构体类型为

struct member

{　int num；

　struct member ＊next；

}；

typedef struct member Member；

　　下面的函数 insertup(head,newp)实现将一个 newp 所指的新节点按升序插入由头指针 head 所指的链表中的适当位置。

　　insertup(Member ＊head，Member ＊newp)

　　{

　　Member ＊pre，＊suc；

　　pre＝head；

　　suc＝head－>next；

　　while(suc！＝NULL)

　　{

　　　if(suc－>num>＝newp－>num)

　　　pre＝suc；

　　　suc＝suc－>next；

　　}

　　_____

　　_____

　　_____

　　}

三、阅读程序题

1. 以下程序的运行结果是_____。

　　#include ＜stdio.h＞

　　void fun(char ＊a,char ＊b)

```
{
    while( * a==´ * ´) a++;
    while( * b= * a) {b++;a++;}
}
void main( )
{
    char * s="* * * * a * b * * * *",t[80];
    fun(s,t); puts(t);
}
```

2. 以下程序的运行结果是_____。

```
#include <stdio. h>
void f(char p[][10], int n )                    /* 字符串从小到大排序   */
{
    char t[10];
    int i,j;
    for(i=0; i< n-1; i++)
      for(j=i+1; j< n; j++)
        if(strcmp(p[i],p[j])>0)
        {
            strcpy(t,p[i]);
            strcpy(p[i],p[j]);
            strcpy(p[i],t);
        }
}
void main( )
{
    char p[5][10]={"abc","aabdfg","abbd","dcdbe","cd"};
    f(p,5);
    printf("%d\n",strlen(p[0]));
}
```

四、编程题

1. 有 10 个学生,每个学生的数据包括学号、姓名、3 门课的成绩,从键盘输入 10 个学生的数据,要求打印出 3 门课总平均成绩,以及最高分的学生的数据(包括学号、姓名、3 门课成绩、平均分数)。

2.建立 1 个链表,每个结点包括:学号、姓名、性别、年龄。

(1)输入 1 个年龄,如果链表中的结点所包含的年龄等于此年龄,则将此结点删去,若无结点满足要求,则输出提示"年龄不匹配!"。

(2)统计链表中结点的个数,其中定义 first 为指向第一个结点的指针。

文件与位运算

扫一扫，获取程序代码

教学目标

◇ 熟悉 C 语言程序设计中文件概念及处理方式。

◇ 掌握 C 语言程序设计中通过文件指针对文件进行操作的方法。

◇ 了解 C 语言程序设计中文件的打开、关闭、读、写等操作。

◇ 掌握 C 语言程序设计中的位运算方法。

本章中主要介绍文件的操作及位运算的方法。在 C 语言中，文件的使用是对基本语法及指针等相关知识的综合运用。C 语言可以对文件进行打开、关闭、读/写等操作，是一种交互性比较强的操作。数据是以位(bit)为基本单位的，C 语言程序设计中提供基本的位运算方法。学习本章知识，掌握文件和位运算的基本操作，可以提高程序的运算效率。

9.1 文 件 概 述

9.1.1 文件的概念

在程序设计过程中，文件是一个非常重要的概念。比如：调试通过的程序可以保存在某种介质上，以免以后需要用相同程序时重新输入；程序输出的结果需要保存起来，以备查用，等等。这些情况都涉及对程序、数据的保存。在计算机领域中，一般用文件来保存这些程序或数据。

文件是存储在外部介质上的一组相关数据的集合。例如，程序文件就是程序代码的集合；数据文件是数据的集合。这个数据集有　个名称，称为文件名。文件存放的物理介质如磁盘、光盘、U 盘等被称为文件的存储介质。

现代操作系统把所有外部设备都认为是文件，以便进行统一的管理。C 语言认为文件是磁盘文件和其他具有输入输出(I/O)功能的外部设备的总称。在这里文件是一个逻辑概念，撇开了具体设备的物理形态而只关心其 I/O 功能。

9.1.2 文件的分类及处理方式

从不同的角度可对文件作不同的分类。比如，在开发 C 语言程序过程中，文件可以分为源程序文件、目标文件和可执行文件；按文件的读写顺序可以分为顺序文件和随机文件;按文件的用途可以分为文档文件、图片文件、音频文件和视频文件等。本节主要介绍和本章内容相关的文件分类方式。

(1)根据数据的组织形式,文件可以分为 ASCII 文件和二进制文件。

ASCII 文件又称为文本文件,在 ASCII 文件中,数据是以字符形式存放的,每个字符都用其对应的 ASCII 码表示,1 个 ASCII 字符代码用 1 个字节存放。二进制文件是把内存中的数据按其在内存中的存储形式原样输出到磁盘上存放的。

ASCII 文件便于进行阅读,如源程序文件,但是它与内存数据交换时需要转换。而二进制文件便于计算机直接处理,如执行文件。二进制文件占用空间少,内存数据和磁盘数据交换时无需转换,只是二进制文件不易阅读、打印。

(2)从用户的角度看,习惯上把文件分为普通文件和设备文件。

由于操作系统把所有外部设备都认为是文件,所以从操作系统的角度看,文件是不区分普通文件和设备文件的。但是从用户的角度看,习惯上把文件分为普通文件和设备文件。

普通文件是指驻留在磁盘或其他外部介质上的数据集合,也就是通常意义上的文件。

设备文件是指与主机相联的各种外部设备,如显示器、打印机、键盘等。通常把显示器定义为标准输出文件,在屏幕上显示信息就是向标准输出文件输出。如 printf、putchar 函数就是这类输出。键盘通常被指定为标准输入文件,从键盘上输入就意味着从标准输入文件上输入数据,scanf、getchar 函数就属于这类输入。C 语言提供了 5 种标准的设备文件,如表 9-1 所示。

表 9-1　标准输入输出设备名

名称	描述	例子
stdin	标准输入	键盘
stdout	标准输出	屏幕
stderr	标准出错	屏幕
stdprn	标准打印机	并行口
stdaux	标准串行设备	串行口

(3)根据对文件处理的方法不同,分为缓冲文件系统和非缓冲文件系统。

在过去使用的 C 语言版本中,有两种对文件的处理方法:一种叫"缓冲文件系统",另一种叫"非缓冲文件系统"。所谓缓冲文件系统是系统自动地在内存区为每一个正在使用的文件开辟一个缓冲区。从内存向磁盘输出数据必须先送到内存中的缓冲区,装满缓冲区后再一起送到磁盘去。如果从磁盘向内存读入数据,则一次从磁盘文件将一批数据输入到内存缓冲区(充满缓冲区),然后再从缓冲区逐个地将数据送到程序数据区(给程序变量),如图 9-1 所示。

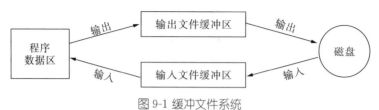

图 9-1 缓冲文件系统

由图 9-1 可以看出,缓冲区的大小决定了系统对文件的实际操作次数,这在很大程度上影响着程序的效率,缓冲区大小由系统确定,一般为 512 字节。

所谓"非缓冲文件系统"是指系统不自动开辟确定大小的缓冲区,每个文件读写所需的临时存储数据的内存空间都由程序来设定和管理,程序员需要处理更多的细节。非缓冲文件系统并不为 ANSI 标准所支持,它源于 UNIX 操作系统对文件系统的设计。在 UNIX 系统下,使用缓冲文件系统处理文本文件,而使用非缓冲文件系统处理二进制文件。

用缓冲文件系统进行的输入输出又称为高级(或高层)磁盘输入输出,用非缓冲文件系统进行的输入输出又称为低级(或低层)磁盘输入输出。ANSI C 标准不采用非缓冲文件系统,而只采用缓冲文件系统。ANSI C 标准扩充了缓冲文件系统的功能,既用缓冲文件系统处理文本文件,又用它来处理二进制文件。

本书只介绍 ANSI C 规定的缓冲文件系统以及对它的读写。

9.2 文 件 指 针

9.2.1 文件指针

缓冲文件系统中,关键的概念是"文件指针"。每个文件在被打开后,操作系统都会在内存中开辟一个区域,用来存放该文件的相关信息(如文件的名字、文件状态及文件的当前位置等)。这些信息是保存在一个结构体变量中的,该结构体变量一般被称作"文件结构体",文件结构体类型由系统定义,取名为"FILE",其原形为:

```
typedef   struct
{
    short          level;        /* 缓冲区"满"或"空"的程度 */
    unsigned       flags;        /* 文件状态标志 */
    char           fd;           /* 文件描述符 */
    unsigned char  hold;         /* 如果没有缓冲区,则不读取字符 */
    short          bsize;        /* 缓冲区大小 */
    unsigned char  * buffer;     /* 数据缓冲区的位置 */
```

```
    unsigned char      * curp；   /* 当前激活指针 */
    unsigned           istemp；  /* 临时文件,指示器 */
    short              token；    /* 用于有效性检查 */
}  FILE；
```

需要强调的是,FILE 是一个结构体类型名,并不是一个结构体变量名,因此不能通过 FILE 来直接操作文件。在 C 语言中,可用一个指针变量指向这样一个描述文件结构特征的结构体变量。通常把这种指向文件结构体变量的指针简称为"文件指针",通过文件指针就可以对它所对应的文件进行各种操作。定义一个文件指针一般采用下面的方式:

  FILE * 指针变量标识符；

例如:

  FILE * fp1，* fp2；

上述语句的功能是:定义了指向 FILE 结构体的指针变量,但是此时它还未具体指向哪一个具体的结构体变量,只有把一个文件的结构体变量的起始地址赋给文件指针,才能通过 fp1 或 fp2 找到存放某个文件信息的结构体,然后按该结构体提供的信息找到相应的文件,实施对文件的操作。

9.2.2 文件操作一般过程

对文件可以进行多种操作,本节重点阐述文件的读/写操作。文件读/写操作的一般过程如图 9-2 所示。

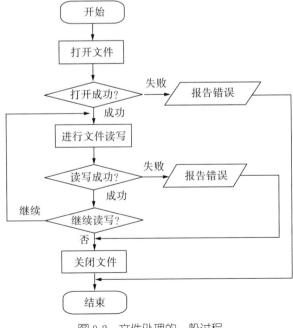

图 9-2 文件处理的一般过程

9.3 文件的打开与关闭

文件在进行读写操作之前要先打开,操作完成后要关闭。所谓打开文件,实际上是建立文件的各种有关信息,并使文件指针指向该文件,以便进行其他操作。关闭文件则是断开指针与文件之间的联系,禁止再对该文件进行操作。

在 C 语言中,文件的打开与关闭操作都是由标准库函数来完成的。本节将介绍两个主要的文件操作函数 fopen 和 fclose,使用这两个函数需要包含头文件"stdio. h"。

9.3.1 文件打开函数 fopen

fopen 函数的返回值类型正是前面介绍过的文件指针类型,该函数的两个参数分别是指向待打开文件的文件名字符串的指针和文件打开方式字符串指针。

fopen 函数调用的一般方法为:

```
FILE * fp;
fp = fopen("文件路径＋文件名","文件的打开方式");
```

例如:

```
FILE * fp;
fp＝fopen("file1. txt","r");
```

表示在当前目录下打开文件 file1. txt,并使 fp 指向该文件,对该文件只允许进行"读"操作。又如:

```
FILE * fp;
fp＝fopen("c:\\file2. dat","rb");
```

表示打开 C 驱动器磁盘的根目录下的文件 file2. dat,这是一个二进制文件,只允许按二进制方式进行读操作。两个反斜线"\\"中的第一个表示转义字符,第二个表示根目录。

使用文件的方式共有 12 种,表 9-2 给出了它们的符号和意义。

表 9-2　文件的打开方式

方式	若文件存在	若文件不存在
"r" 或"rt"	只读打开一个文本文件,只允许读数据	出错
"w" 或"wt"	只写打开或建立一个文本文件,只允许写数据	创建新文件
"a" 或"at"	追加打开一个文本文件,并在文件末尾写数据	创建新文件
"r＋" 或"rt＋"	读写打开一个文本文件,允许读和写	出错
"w＋" 或"wt＋"	读写打开或建立一个文本文件,允许读写	创建新文件
"a＋" 或"at＋"	读写打开一个文本文件,允许读,或在文件末追加数据	创建新文件

续表

方式	若文件存在	若文件不存在
"rb"	只读打开一个二进制文件,只允许读数据	出错
"wb"	只写打开或建立一个二进制文件,只允许写数据	创建新文件
"ab"	追加打开一个二进制文件,并在文件末尾写数据	创建新文件
"rb+"	读写打开一个二进制文件,允许读和写	出错
"wb+"	读写打开或建立一个二进制文件,允许读和写	创建新文件
"ab+"	读写打开一个二进制文件,允许读,或在文件末追加数据	创建新文件

对于文件使用方式有以下几点说明:

(1)文件使用方式由 r,w,a,t,b,+等 6 个字符拼成,各字符的含义是:

　r(read):　　　　读

　w(write):　　　写

　a(append):　　追加

　t(text):　　　　文本文件,可省略不写

　b(binary):　　　二进制文件

　+:　　　　　　读和写

(2)用"r"方式打开一个文件时,该文件必须已经存在,且只能从该文件读出。

(3)用"w"打开的文件只能向该文件写入。若打开的文件不存在,则以指定的文件名建立该文件。若打开的文件已经存在,则将该文件删去,重建一个新文件。

(4)若要向一个已存在的文件追加新的信息,只能用"a"方式打开文件。但此时该文件必须是存在的,否则将会出错。

(5)在打开一个文件时,如果出错,fopen 将返回一个空指针值 NULL。在程序中可以用这一信息来判别是否完成打开文件的工作,并作相应的处理。因此常用以下程序段打开文件:

```
FILE * out;
if((out=fopen("K:\\24000101\\result. txt","w+"))=NULL)
printf("\nerror on open K:\24000101\result. txt file!");
```

这段程序的意义是,如果返回的指针为空,则表示不能打开 K 盘根目录下24000101 文件夹内的 result. txt 文件,给出提示信息"error on open K:\24000101\result. txt file!"。

(6)把一个文本文件读入内存时,要将 ASCII 码转换成二进制码,而把文件以文本方式写入磁盘时,也要把二进制码转换成 ASCII 码,因此文本文件的读写要花费较多的转换时间。对二进制文件的读写不存在这种转换。

(7)标准输入文件、标准输出文件、标准错误文件是由系统打开的,可直接使用。

9.3.2　文件关闭函数 fclose

fclose 函数返回一整数,该函数参数是某个已经打开的文件的文件指针。当函数调用成功时,该函数返回 0;当调用失败时,该函数返回 EOF。EOF 为文件结束标志,在头文件"stdio. h"中定义,其值为−1,本章后续章节对 EOF 还将作详细介绍。

fclose 函数使用的一般方法为:

```
fclose(fp);
```

例如:

```
FILE * fp;
fp=fopen("abc. txt","rw");
...                        /* 文件读写操作 */
fclose(fp);
```

上述程序代码的作用是首先调用 fopen 函数以读写的方式打开文件"abc. txt",然后对其进行读写操作,操作结束后调用 fclose 函数关闭文件"abc. txt"。

9.4　文件读写

在 C 语言中,文件的读/写操作是由标准库函数来完成的,因此使用这些函数也需要包含头文件"stdio. h"。C 语言提供了字符读写、字符串读写、数据块读写以及格式化读写等多种函数对文件进行读/写的操作。

9.4.1　字符读写函数 fgetc 和 fputc

字符读写函数是以字符(字节)为单位的读写函数。每次可从文件读出或向文件写入一个字符。

1. 读字符函数 fgetc

fgetc 函数的功能是:从指定的文件中读一个字符(或字节)。

函数的一般调用形式为:

```
字符变量=fgetc(文件指针);
```

例如:

```
char ch;
ch=fgetc(fp);
```

fp 为文件指针,ch 为字符型变量,其意义是从打开的文件 fp 中读取一个字符并赋值给变量 ch。

对于 fgetc 函数的使用有以下几点说明:

(1)在 fgetc 函数调用中,读取的文件必须是以读或读写方式打开的。

(2)读取字符的结果也可以不向字符变量赋值,例如:fgetc(fp);但是这样一来,读出的字符不能保存。

(3)在文件内部有一个位置指针,用来指向文件的当前读写字节。在文件打开时,该指针总是指向文件的第一个字节。使用 fgetc 函数后,该位置指针将向后移动一个字节。因此可连续多次使用 fgetc 函数,读取多个字符。应注意文件指针和文件内部的位置指针不是一回事。文件指针是指向整个文件的,须在程序中定义说明,只要不重新赋值,文件指针的值是不变的。文件内部的位置指针用以指示文件内部的当前读写位置,每读写一次,该指针均向后移动,它不需在程序中定义说明,而是由系统自动设置的。

(4)使用 fgetc 函数读文件时,若遇到文件结束标志,则函数返回 EOF(EOF 是在 stdio. h 中定义的符号常量,其值为整数-1)。

①ANSI C 提供一个 feof 函数来判断文件是否结束,它的一般调用形式为:

```
feof(fp);                    /* fp 为文件指针 */
```

如果文件结束,该函数的返回值为 1,否则为 0。

②字符输入函数 getchar 实际上是由 fgetc 函数派生出来的。

getchar 和 putchar 函数在 stdio. h 头文件中是用预处理命令这样定义的宏:

```
#define getchar() fgetc(stdin)        /* 从标准输入设备(即键盘)读字符 */
#define putchar(c) fputc(c,stdout)   /* 向标准输出设备(显示器)写字符 */
```

【例 9-1】 读入文件 file1. txt,在屏幕上输出。

```
#include<stdio. h>
main( )
{
  FILE  * fp;
  char ch;
  if((fp=fopen("c:\\file1. txt","r"))==NULL)
  {
    printf("Cannot open file1. txt! \n");
    exit(0);
  }
  ch=fgetc(fp);
  while(ch! =EOF)
```

```
    {
        putchar(ch);
        ch=fgetc(fp);
    }
    fclose(fp);
}
```

本例程序的功能是从文件 file1. txt 中逐个读取字符,在屏幕上显示。程序定义了文件指针 fp,以读文本文件方式打开文件 file1. txt,并使 fp 指向该文件。如打开文件出错,则给出提示并退出程序。如果打开成功,则先读出第一个字符并赋给变量 ch,然后进入循环,只要读出的字符不是文件结束标志 EOF,就把该字符显示在屏幕上,再读入下一字符。每读一次,文件内部的位置指针向后移动一个字符,文件结束时,该指针指向 EOF,结束循环。执行本程序可以将整个文本文件完整地显示在屏幕上。

2. **写字符函数** fputc

fputc 函数的功能是把一个字符写入指定的文件中。

函数的一般调用形式为:

fputc(字符常量/变量,文件指针);

例如:

```
    fputc('a',fp);
```

其意义是把字符 a 写入 fp 所指向的文件中。

对于 fputc 函数的使用要注意以下几点:

(1)被写入的文件可以用写、读写、追加方式打开,用写或读写方式打开一个已存在的文件时将清除原有的文件内容,写入字符从文件首开始。如需保留原有文件内容,希望写入的字符从文件末开始存放,就必须以追加方式打开文件。若被写入的文件不存在,则创建该文件。

(2)每写入一个字符,文件内部位置指针向后移动一个字节。

(3)fputc 函数有一个返回值,如写入成功则返回写入的字符,否则返回一个 EOF。可以通过函数的返回值来判断写入是否成功。

【例 9-2】 从键盘输入一行字符,并将输入的这一行字符写入到一个文本文件内保存起来。

```
#include<stdio. h>
main( )
{
FILE * fp;
char ch;
```

```
if((fp=fopen("c:\\file2.txt","w+"))==NULL)
{
printf("Cannot open file2.txt! \n");
exit(0);
}
printf("input a string:\n");
ch=getchar();
while (ch! ='\n')
{
fputc(ch,fp);
ch=getchar();
}
fclose(fp);
}
```

程序以读写文本文件方式建立并打开文件 file2.txt。若打开失败,则调用 exit 函数退出程序。exit 函数参数类型为一整型数,参数为 0 表示正常退出。参数为非 0 表示非正常退出。在本程序中 exit(0)语句也可用 return 语句代替。若打开文件成功,则从键盘读入一个字符后进入循环,当读入字符不为回车符时,则把该字符写入文件之中,然后继续从键盘读入下一字符。每输入一个字符,文件内部位置指针向后移动一个字节,写入完毕后,该指针指向文件末尾。

【例 9-3】　磁盘文件复制程序。

```
#include<stdio.h>
main(int argc, char * argv[])
{
  FILE * src, * dst;
  char ch;
  if(argc! =3)
    printf("You forgot to enter a filename\n");
  if((src=fopen(argv[1],"r"))==NULL)
  {
    printf("Cannot open source file! \n");
    exit(0);
  }
  if((dst=fopen(argv[2],"w"))==NULL)
  {
```

```
        printf("Cannot open destination file! \n");
        exit(0);
    }
    printf("input a string:\n");
    ch=fgetc(src);
    while (ch! =EOF)
    {
        fputc(ch,dst);
        ch=fgetc(src);
    }
    fclose(src);
    fclose(dst);
}
```

若将本程序的源文件取名为 mycopy. c,则经过编译连接后得到的可执行文件为 mycopy. exe,在 DOS 命令窗口里可以输入以下命令行:

```
C:>mycopy abc. txt 123. txt
```

在这个程序中,源文件名和目的文件名是作为命令行参数传递进去的,程序运行后的效果也是将文件 abc. txt 复制到 123. txt 中去。

9.4.2 字符串读写函数 fgets 和 fputs

1. 读字符串函数 fgets

函数的功能是从指定的文件中读一个字符串到字符数组中,函数调用的形式为:

fgets(字符数组名,n,文件指针);

其中的 n 是一个正整数。表示从文件中读出的字符串不超过 n−1 个字符。在读入的最后一个字符后加上字符串结束标志 '\0'。

例如:

fgets(str,n,fp);

其含义是从 fp 所指的文件中读出 n−1 个字符送入字符数组 str 中。

【例 9-4】 从文本文件中读出一个含 10 个字符的字符串,并将该字符串在屏幕上显示出来。

```
#include<stdio. h>
main( )
{
    FILE * fp;
    char str[11];
```

```
    if((fp=fopen("c:\\file3. txt","r"))==NULL)
    {
      printf("Cannot open file3. txt! \n");
      exit(0);
    }
  fgets(str,11,fp);
  printf("%s\n",str);
  fclose(fp);
}
```

本例定义了一个含有 11 个元素的字符数组 str,在只读文本文件方式打开文件 file3. txt 后,从中读出 10 个字符送入 str 数组,在数组最后一个单元内将加上'\0',然后在屏幕上显示输出 str 数组。

对 fgets 函数有两点说明:

(1)在读出 n−1 个字符之前,如遇到了换行符或 EOF,则读出结束。

(2)fgets 函数也有返回值,其返回值是字符数组的首地址。

2. 写字符串函数 fputs

fputs 函数的功能是向指定的文件写入一个字符串,其调用形式为:

fputs(字符串,文件指针);

其中字符串可以是字符串常量,也可以是字符数组名,或指针变量,例如:

```
    fputs("hello",fp);
```

其含义是把字符串"hello"写入 fp 所指的文件之中。

【**例 9-5**】　在文本文件末追加一个字符串。

```
#include<stdio. h>
main( )
{
  FILE * fp;
  char str[20];
  if((fp=fopen("c:\\file4. txt","a+"))==NULL)
  {
    printf("Cannot open file4. txt! \n");
    exit(0);
  }
  printf("input a string:\n");
  scanf("%s",str);
  fputs(str,fp);
```

```
    fclose(fp);
}
```

本例在文件末加写字符串,因此在程序中以追加读写文本文件的方式打开文件 file4. txt。然后输入字符串,并用 fputs 函数把该字符串写入文件。

9.4.3 数据块读写函数 fread 和 fwrite

C语言还提供了用于整块数据的读写函数。可用来读写一组数据,如一个数组元素,一个结构变量的值等。

读数据块函数调用的一般形式为:

      fread(数据接收缓冲区指针,数据块大小,数据块个数,文件指针);

写数据块函数调用的一般形式为:

      fwrite(数据输出缓冲区指针,数据块大小,数据块个数,文件指针);

其中,数据缓冲区指针表示存放输入输出数据的首地址,数据块大小就是作为一个整体进行读写的数据块的字节数,数据块的个数是指从文件读出或向文件写入的数据块的个数,文件指针就是将要进行读写操作的文件结构体指针。如果 fread 或 fwrite 函数调用成功,则返回读出或写入的数据块的个数(即 count 的值)。

例如:

```
fread(buf,4,5,fp);
```

其意义是从 fp 所指的文件中,每次读 4 个字节(一个实数)送入实数组 buf 中,连续读 5 次,即读 5 个实数到 buf 中。

【例 9-6】 从键盘输入 4 个学生信息,保存到 student. dat 文件中。

```
#include<stdio. h>
#define SIZE 4
struct student
{
    char name[10];
    int num;
    int age;
    char addr[15];
}stu[4];
void save()
{
    FILE * fp;
    int i;
    if((fp=fopen("student. dat","wb"))==NULL)
```

```
    {
      printf("cannot open file!");
      return;
    }
    for(i=0;i<SIZE;i++)
    if((fwrite(&stu[i],sizeof(struct student),1,fp)! =1)
    {
      printf("file write error\n");
      return;
    }
}
main()
{
    int i;
    printf("Enter data:Name,Num,Age,Addrees\n");
    for(i=0;i<SIZE;i++)
    scanf("%s%d%d%s",&stu[i].name, stu[i].num, stu[i].age,& stu[i].addr);
    save();
}
```

在 main 函数中,从键盘输入 4 个学生的数据,然后调用 save 函数。将这些数据保存到以 student. dat 命名的磁盘文件中。fwrite 函数的作用是一次将一个长度为 29 字节(即 student 结构体的长度)的数据块写到文件中。

9.4.4　格式化读写函数 fscanf 和 fprintf

格式化输入输出 fscanf、fprintf 函数与前面使用的 scanf 和 printf 函数的功能相似,都是格式化读写函数。两者的区别在于 fscanf 和 fprintf 函数的读写对象不是键盘和显示器,而是磁盘文件。后者专门用于标准输入输出流的操作,而前者主要用于对磁盘文件的格式化读写。

fscanf 和 fprintf 函数的功能是以指定的格式读写文件。这两个函数的调用格式为:

　　fscanf(文件指针,格式字符串,输入表列);

　　fprintf(文件指针,格式字符串,输出表列);

功能:fprintf()/fscanf()函数分别以格式控制串(format)所指定的格式,向/从 fp 所指定的流输出/读入数据,数据项被列写在格式控制串后的参数表中。

返回值:fprintf()返回实际被写的字符个数,若出错则返回一个负数;

fscanf( )返回实际被赋值的参数个数,返回 EOF 值则表示试图去读取超过文件尾端的部分。

【例 9-7】 根据下式求 s 的值,将结果在屏幕上显示出来的同时写入到文件 RESULT. TXT 中。

$$s=1+(1+2)+(1+2+3)+(1+2+3+4)+\cdots+(1+2+3+\cdots+n)$$

```c
#include <stdio.h>
void PRINT(long s)
{
    FILE *out;
    printf("s=%ld\n",s);
    if((out=fopen("K:\\24000102\\RESULT.TXT","w+"))!=NULL)
        fprintf(out,"s=%ld",s);
        fclose(out);
}
void main()
{
    long s=0;
    int i,t=0;
    for(i=1;i<=30;i++)
    {   t+=i; s+=t;  }
    PRINT(s);
}
```

本程序中,PRINT 函数里首先调用了 printf 函数将结果以"s=***"的形式打印到屏幕上,然后调用 fprintf 函数将结果以"s=***"的形式写入到 K 盘 24000102 文件夹中的 RESULT. TXT 文件中保存起来。

9.5　文件的定位与随机读写

9.5.1　文件定位与检测函数

文件系统中设置了一个位置指针,用于指向文件当前读写的位置。如果顺序读写一个文件,一般每次读写一个字符(字节),该位置指针自动向后移动,指向下一个位置。如果想改变这种移动规律,强制使位置指针指向程序员指定的位置,可以用相关的函数实现。

移动文件内部位置指针的函数主要有两个,rewind 和 fseek 函数;文件检测函数主要有 feof、ferror、clearerr 等,这些函数也是在库文件 stdio. h 内定义的,使用时必须先包含头文件。

1. rewind 函数

rewind 函数的作用是使文件位置指针重新返回到文件的开头。

【**例 9-8**】　某磁盘文件,先将其内容显示在屏幕上,然后将它复制到一个新文件中。

```
#include<stdio. h>
main( )
{
  FILE  * fp1, * fp2;
  fp1=fopen("old. c","r");
  fp2=fopen("new. c","w");
  while(! feof(fp1))
    putchar(fgetc(fp1));
    rewind(fp1);
  while(! feof(fp1))
    fputc(fgetc(fp1),fp2);
  fclose(fp1);
  fclose(fp2);
}
```

2. fseek 函数

对文件可以进行顺序读写,也可以进行随机读写,这关键在于控制文件指针的位置。若文件指针是按字节位置顺序移动的,就是顺序读写;如果可以将文件指针按需要随机移动到任意位置,就可以实现随机读写。

fseek 函数可以实现随机改变文件指针的位置,其一般调用形式为:

　　　fseek(文件指针,位移量,起始点);

其中:

"文件指针"指向被移动的文件。

"位移量"表示移动的字节数,要求位移量是 long 型数据,以便在文件长度大于 64KB 时不会出错。当用常量表示位移量时,要求加后缀"L"。

"起始点"表示从何处开始计算位移量,规定的起始点有三种:文件首,当前位置和文件尾。

其表示方法如表 9-3 所示。

表 9-3 fseek 函数参数表

起始点	表示符号	数字表示
文件首	SEEK_SET	0
当前位置	SEEK_CUR	1
文件末尾	SEEK_END	2

例如：

```
fseek(fp,100L,0);   /*把位置指针移到离文件首 100 个字节处*/
fseek(fp,50L,1);    /*把位置指针移到离当前位置 50 个字节处*/
fseek(fp,-10L,2);   /*把位置指针从文件末尾后退 10 个字节*/
```

还要说明的是 fseek 函数一般用于二进制文件。在文本文件中由于要进行转换，故往往计算的位置会出现错误。

3. ftell 函数

ftell 函数的作用是得到文件指针在文件中的当前位置，用相对于文件开头的位移量来表示。在实际编程过程中，由于文件中的位置指针经常移动，往往不易辨清其当前位置，故引入 ftell 函数。该函数的一般调用形式为：

长整型变量＝ftell(文件指针)；

该函数返回一个长整型的数值表示文件位置指针的当前位置，若函数返回值为-1L，则表示出错。

4. feof 函数

调用格式：

feof(文件指针)；

功能：判断文件是否处于文件结束位置，如文件结束，则返回值为 1，否则为 0。

5. ferror 函数

调用格式：

ferror(文件指针)；

功能：检查文件在用各种输入输出函数进行读写时是否出错。若 ferror 返回值为 0 则表示未出错，否则表示有错。

6. clearerr 函数

调用格式：

clearerr(文件指针)；

功能：本函数用于清除出错标志和文件结束标志，使它们的出错标志自动置为 0。

9.5.2　文件的随机读写

C 语言还提供了用于整块数据的读写函数。可用来读写一组数据,如一个数组元素,一个结构变量的值等。

读数据块函数调用的一般形式为:

　　fread(buffer,size,count,fp);

写数据块函数调用的一般形式为:

　　fwrite(buffer,size,count,fp);

功能:fread()函数从 fp 指向的流中读取 count(字段数)个字段,每个字段为 size(字段长度)个字符长,并把它们放到指针 buffer 指向的字符数组(缓冲区)中;fwrite()函数从指针 buffer 指向的字符数组中,把 count 个字段写到 fp 指向的流中去,每个字段为 size 个字符长。

返回值:fread()/fwrite()函数返回实际已读取/写入的字段个数,如果实际的个数少于所要求的(count) 个数,则操作失败。

例如:

```
fread(fa,4,5,fp);
```

其意义是从 fp 所指的文件中,每次读 4 个字节(一个实数)送入实数组 fa 中,连续读 5 次,即读 5 个实数到 fa 中。

【例 9-9】　在学生文件 student. dat 中读出第 n(n≤=4)个学生的数据,在屏幕上显示出来。

```c
#include<stdio. h>
struct student
{
  char name[10];
  int num;
  int age;
  char addr[15];
}stu;
main( )
{
  FILE * fp;
  char ch;
  int n;
  scanf("%d",&n);
  if((fp=fopen("student. dat","rb"))==NULL)
```

```
{
    printf("Cannot open file strike any key exit!");
    exit(0);
}
rewind(fp);
fseek(fp,(n-1) * sizeof(struct student),0);
fread(&stu,sizeof(struct student),1,fp);
printf("name\tnumber\tage\taddr\n");
printf("%s\t%5d%7d%s\n",stu.name,stu.num,stu.age,stu.addr);
}
```

本程序随机读出第 n 个学生的数据。程序中 fseek(fp,(n-1) * sizeof(struct student),0)语句用来移动文件位置指针,其中第三个参数 0,表示文件位置指针的起始值为 0,第二个参数表示将位置指针向后移动 n-1 个 student 结构体类型的长度,此后,再读出的数据即为第 n 个学生的数据。

表 9-4 列出了缓冲文件系统中常用的一些函数,并进行了概括性的小结。

表 9-4 常用的缓冲文件系统函数

分类	函数名	功能
打开文件	fopen( )	打开文件
关闭文件	fclose( )	关闭文件
文件定位	fseek( )	改变文件位置的指针位置
	rewind( )	使文件位置指针重新置于文件开头
	ftell	返回文件位置指针的当前值
文件读写	fgetc( ),getc( )	从指定文件取得一个字符
	fputc( ),putc( )	把字符输出到指定文件
	fgets( )	从指定文件读取字符串
	fputs( )	把字符串输出到指定文件
	fread( )	从指定文件中读取数据项
	fwrite( )	把数据项写到指定文件
	fscanf( )	从指定文件按格式输入数据
	fprintf( )	按指定格式将数据写到指定文件中
文件状态	feof( )	若到文件末尾,函数值为"真"(非 0)
	ferror( )	若对文件操作出错,函数值为"真"(非 0)
	clearerr( )	使 ferror 和 feof 函数值置 0

9.6 位 运 算

9.6.1 位运算概述

C 语言与其他高级语言相比,它的一个重要特点是具有汇编语言的功能,这主要表现在 C 语言提供了特有的位运算功能。

C 语言的位运算是指在 C 语言中能进行二进制位的运算。位运算包括位逻辑运算、移位运算和位赋值运算等。位逻辑运算能够方便地设置或屏蔽内存中某个字节的一位或几位,也可以对两个数按位相加等;移位运算可以对内存中某个二进制数左移或右移几位等。

为了完成上述位运算,C 语言提供了六种位运算,如表 9-5 所示。

表 9-5　位运算符及其含义

位运算符	含义	举例
&	按位与	a&b
|	按位或	a|b
∧	按位异或	a∧b
~	按位取反	~a
<<	左移	a<<1
>>	右移	b>>2

说明:

(1)位运算量 a,b 只能是整型或字符型的数据,不能为实型数据。

(2)位运算符中除按位取反运算符"~"为单目运算符外,其他均为双目运算符,即要求运算符的两侧各有一个运算量。

9.6.2 位的逻辑运算

1.按位与运算(&)

按位与运算符"&"是双目运算符。其功能是参与运算的两数对应的二进位相与。只有对应的两个二进位均为 1 时,结果位才为 1,否则为 0。参与运算的数以补码方式出现。

例如:9&5 可写算式如下:

```
  00001001      (9的二进制补码)
& 00000101      (5的二进制补码)
  00000001      (1的二进制补码)
```

可见 9&5＝1。

按位与运算通常用来对某些位清 0 或保留某些位。例如把 a 的高八位清 0，保留低八位,可作 a&255 运算(255 的二进制数为 0000000011111111)。

【例 9-10】 位与运算。

```
main( )
{
  int a=9,b=5,c;
  c=a&b;
  printf("a=%d\nb=%d\nc=%d\n",a,b,c);
}
```

2. 按位或运算

按位或运算符"|"是双目运算符。其功能是参与运算的两数对应的二进位相或。只要对应的两个二进位有一个为 1,结果位就为 1。参与运算的两个数均以补码出现。

例如:9|5 可写算式如下:

```
    00001001
|00000101
    00001101        (十进制为 13)可见 9|5=13
```

【例 9-11】 按位或运算。

```
main( )
{
int a=9,b=5,c;
c=a|b;
printf("a=%d\nb=%d\nc=%d\n",a,b,c);
}
```

3. 按位异或运算

按位异或运算符"^"是双目运算符。其功能是参与运算的两数对应的二进位相异或。当两数对应的二进位相异时,结果为 1,否则为 0(同者为 0,异者为 1)。参与运算数仍以补码出现,例如 9^5 可写成算式如下:

```
    00001001
∧00000101
    00001100        (十进制为 12)
```

【例 9-12】 按位异或运算。

```
main( )
{
  int a=9;
```

```
    a=a^5;
    printf("a=%d\n",a);
}
```

4. 按位求反运算

求反运算符～为单目运算符,具有右结合性。其功能是对参与运算的数的各二进位按位求反。

例如:～9 的运算为:～(0000000000001001)

结果为:1111111111110110

位逻辑运算符的常见用途说明:

(1)用来判断一个数据的某一位是否为 1。例如判断一个整数 a(2 个字节)的最高位是否为 1,可以设一个与 a 同类型的测试变量 test,test 的最高位为 1,其余位均为 0,即 int test=0x8000。根据"按位与"运算规则,只要判断位逻辑表达式 a & test 的值就可以了:如果表达式的值为 test 本身的值(即 0x8000),则 a 的最高位为 1;如果表达式的值为 0,则 a 的最高位为 0。

01000100111111110 & 1000000000000000=0,说明最高位为 0;

11000100111111110 & 1000000000000000=1000000000000000,说明最高位为 1。

(2)用来保留一个数据中的某些位。如果要保留整数 a 的低字节,屏蔽掉其高字节,只需要将 a 和 b 进行按位与运算即可,其中 b 的高字节每位置为 0,低字节每位置为 1,即 int b=0xff。

例如:00101010 01010010 & 00000000 11111111=00000000 01010010。

(3)把一个数据的某些位置为 1。如果把 a 的第 10 位置为 1,而且不要破坏其他位,可以对 a 和 b 进行"按位或"运算,其中 b 的第 10 位置为 1,其他位置为 0,即 int b=0x400。

例如:00100000 01010010 | 00000010 00000000=00100010 01010010。

(4)把一个数据的某些位翻转,即 1 变为 0,0 变为 1。如要把 a 的奇数位翻转,可以对 a 和 b 进行"按位异或"运算,其中 b 的奇数位置为 1,偶数位置为 0,即 int b=0xaaaa。

例如:00000000 01010010 ∧ 01010101 01010101=01010101 00000111。

(5)交换两个值,不用临时变量。

【**例 9-13**】　a=3,b=4。如果想将 a 和 b 的值互换,可以用以下三条赋值语句实现:

```
    a=a∧b;  即:a=3∧4=7
    b=b∧a;  即:b=4∧7=3
    a=a∧b;  即:a=7∧3=4
```

9.6.3　位的移位运算

1. 左移运算

左移运算符"<<"是双目运算符。其功能是把"<<"左边的运算数的各二进位全部左移若干位,由"<<"右边的数指定移动的位数,高位丢弃,低位补 0。

例如:a<<4

表示把 a 的各二进位向左移动 4 位。如 a=00000011(十进制 3),左移 4 位后为 00110000(十进制 48)。

2. 右移运算

右移运算符">>"是双目运算符。其功能是把">>"左边的运算数的各二进位全部右移若干位,">>"右边的数指定移动的位数。

例如:a=15,a>>2

表示把 000001111 右移为 00000011(十进制 3)。

应该说明的是,对于有符号数,在右移时,符号位将随同移动。当为正数时,最高位补 0,而为负数时,符号位为 1,最高位是补 0 或是补 1 取决于编译系统的规定。Turbo C 和很多系统规定为补 1。

【例 9-14】　位运算综合应用。

```c
main( )
{
    unsigned a,b;
    printf("input a number：  ");
    scanf("%d",&a);
    b=a>>5;
    b=b&15;
    printf("a=%d\tb=%d\n",a,b);
}
```

【例 9-15】　位运算综合应用。

```c
main( )
{
    char a='a',b='b';
    int p,c,d;
    p=a;
    p=(p<<8)|b;
    d=p&0xff;
    c=(p&0xff00)>>8;
```

```
    printf("a=%d\nb=%d\nc=%d\nd=%d\n",a,b,c,d);
}
```

9.6.4　位的赋值运算

位赋值运算与算术赋值运算相似。前文所述的两种类型的位运算都可以和赋值运算结合成位赋值运算。位赋值运算符如表 9-6 所示。

表 9-6　位赋值运算符及其含义

运算符	名称	示例	等价于
&=	位与赋值	a&=b	a=a&b
|=	位或赋值	a|=b	a=a|b
∧=	位异或赋值	a∧=b	a=a∧b
>>=	右移位赋值	a>>=b	a=a>>b
<<=	左移位赋值	a<<=b	a=a<<b

位赋值运算的过程为：

(1)先对两个操作数进行位操作。

(2)然后把结果赋给第一个操作数,因此第一个操作数必须是变量。

9.6.5　位运算符的优先级与结合性

和前面章节介绍的其他运算符一样,要正确计算一个表达式的值,准确判断运算符的优先级和结合性是至关重要的。对于位运算符来讲,主要说明以下几点：

(1)除了按位取反运算符和位赋值运算符的结合性是自右至左外,其他运算符的结合性均为自左至右。

(2)由于按位取反运算符是个单目运算符,它的优先级在所有的位运算符中最高,优先级别为 2。

(3)按位与(&)、按位异或(∧)和按位或(|)比逻辑与(&&)、逻辑或(||)的优先级要高,但低于关系运算符。

(4)移位运算符的优先级低于算术运算符。

(5)位赋值运算符的优先级较低,和其他算术赋值运算符一样,优先级别为 14。

例如：

```
unsigned int a=3,b=10;
printf("%d\n",a<<2|b==1);/* 相当于 printf("%d\n",(a<<2)|(b==1)); */
```

输出结果为：

12

9.6.6 位段

在内存中信息的存取一般是以字节为单位的。但是在实际应用中,有些数据并不需要 8 位二进制位来存储。比如:表示逻辑值"真"和"假"只需 1 位就够了。在计算机用于过程控制、参数检测或数据通信领域时,控制信息往往只占一个字节中的一位或几位,将几种信息合起来存放在一个字节中。

C 语言允许在一个结构体中以位为单位来指定其成员所占的内存长度,这种以位为单位的成员称为"位段"或"位域"(bit field)。利用位段能够用较少的位数存储数据,节约存储空间。

位段的定义格式为:

    unsigned 成员名:二进制位数;

例如:

```
struct data
{
    unsigned a:2;
    unsigned:6;
    unsigned:0;
    unsigned b:11;
    int c;
}mydata;
```

mydata 变量在内存中的分配示意图如图 9-7 所示。

位段 a	无名位段	未用	位段 b	未用	成员 c
2 位	6 位	8 位	11 位	5 位	16 位

图 9-7　位段内存分配

对位段中数据的引用方法和结构体成员变量的引用方法一致,如:

mydata. a=2;mydata. b=7;mydata. c=9;

对位段的赋值要注意数值允许的最大范围。比如上例中如果写 mydata. a=4 就错了,因为 mydata. a 只占 2 位,最大值为 3。在这种情况下,计算机会自动取赋予它数的低 2 位,即二进制数 100 的低 2 位 00,故 mydata. a 的值为 0。

关于位段的定义和引用,有以下几点说明:

(1)位段的成员类型必须指定为 unsigned 或 int 类型。

(2)一个位段必须存储在同一存储单元中,不能跨两个单元。如果其单元空间不够,则剩余空间不用,从下一个单元起存放该字段。

(3)位段的长度不能大于存储单元的长度。

（4）位段可以用%d、%u、%o、%x 等格式符输出。

（5）位段可以在数值表达式中引用，它会被系统自动转换为整型数。如：

mydata.a+5/mydata.b

是合法的表达式。

（6）位段可以定义无名字段。

（7）位段可以通过定义长度为 0 的位段的方式使下一个位段从下一个存储单元开始。

（8）位段无地址，不能对位段进行取地址运算。

小 结 9

学习文件，主要是学习一种综合运用的方法，也是学习过程中的难点。在实际的编程过程中会大量使用文件进行操作。位运算是程序设计中提高运算效率的有效手段，掌握位运算的基本操作和使用方法，可以在需要的时候提高运算速度。

1. 文件的打开、关闭

fopen( )和 fclose( )：是文件的基本操作方法；

fopen( )：要了解和掌握文件的不同打开方式；

在 fclose( )函数调用结束后，根据返回值判断关闭操作是否正确完成。

2. 文件的读/写

fputc( )：把一个字符写到磁盘文件上去；

fgetc( )：从指定的文件读入一个字符，该文件必须是以读或写方式打开的文件；

fgets( )：从指定的文件中读一个字符串到字符数组中；

fputs( )：函数的功能是向指定的文件写入一个字符串；

fread(数据接收缓冲区指针，数据块大小，数据块个数，文件指针)；

fwrite(数据输出缓冲区指针，数据块大小，数据块个数，文件指针)；

fprintf()/fscanf()函数：分别以格式控制串(format)所指定的格式，向/从 fp 所指定的流输出/读入数据，数据项被列写在格式控制串后的参数表中。

3. 文件定位与随机读写

rewind( )：作用是使文件位置指针重新返回到文件的开头；

fseek( )：可以实现随机改变文件指针的位置；

fread( )：从 fp 指向的流中读取 count(字段数)个字段，每个字段为 size(字段长度)个字符长，并把它们放到指针 buffer 指向的字符数组(缓冲区)中；

fwrite( )：函数从指针 buffer 指向的字符数组中，把 count 个字段写到 fp 指向的流中去，每个字段为 size 个字符长。

4. 基本位运算

"&":是双目运算符。其功能是参与运算的两数对应的二进位相与。只有对应的两个二进位均为 1 时,结果位才为 1,否则为 0;

"|":是双目运算符。其功能是参与运算的两数对应的二进位相或。只要对应的两个二进位有一个为 1 时,结果位就为 1;

"^":是双目运算符。其功能是参与运算的两数对应的二进位相异或。当两数对应的二进位相异时,结果为 1,否则为 0(同者为 0,异者为 1);

"~":为单目运算符,具有右结合性。其功能是对参与运算的数的各二进位按位求反。

"<<":是双目运算符。其功能把"<<"左边的运算数的各二进位全部左移若干位,由"<<"右边的数指定移动的位数,高位丢弃,低位补 0。

">>":是双目运算符。其功能是把">>"左边的运算数的各二进位全部右移若干位,">>"右边的数指定移动的位数。

习 题 9

一、单项选择题

1. 以下叙述中错误的是(　　)。

    A. C 语言中对二进制文件的访问速度比文本文件快

    B. C 语言中,随机文件以二进制代码形式存储数据

    C. 语句 FILE fp; 定义了一个名为 fp 的文件指针

    D. C 语言中的文本文件以 ASCII 码形式存储数据

2. 设 fp 为指向某二进制文件的指针,且已读到此文件末尾,则函数 feof(fp) 的返回值为(　　)。

    A. EOF   B. 非 0 值   C. 0   D. NULL

3. 以下叙述中错误的是(　　)。

    A. gets 函数用于从终端读入字符串

    B. getchar 函数用于从磁盘文件读入字符

    C. fputs 函数用于把字符串输出到文件

    D. fwrite 函数用于以二进制形式输出数据到文件

4. 变量 a 中的数据用二进制表示的形式是 01011101,变量 b 中的数据用二进制表示的形式是 11110000。若要求将 a 的高 4 位取反,低 4 位不变,所要

执行的运算是(　　)。

  A. a^b　　　　　　B. a | b　　　　　　C. a&b　　　　　　D. a<<4

5. 有以下程序

  #include　<stdio. h>

  main( )

  {

    int a=1,b=2,c=3,x;

    x=(a^b)&c;

    printf("%d\n",x);

  }

  程序的运行结果是(　　)。

  A. 0　　　　　　　B. 1　　　　　　C. 2　　　　　　D. 3

6. 设有以下语句

  int a=1,b=2,c;

  c=a^(b<<2);

  执行后,c 的值为(　　)。

  A. 6　　　　　　　B. 7　　　　　　C. 8　　　　　　D. 9

7. fscanf 函数的正确调用形式是(　　)。

  A. fscanf(fp,格式字符串,输出表列)

  B. fscanf(格式字符串,输出表列,fp)

  C. fscanf(格式字符串,文件指针,输出表列)

  D. fscanf(文件指针,格式字符串,输入表列);

8. fwrite 函数的一般调用形式是(　　)。

  A. fwrite(buffer,count,size,fp)

  B. fwrite(fp,size,count,buffer)

  C. fwrite(fp,count,size,buffer)

  D. fwirte(buffer,size,count,fp)

9. fgetc 函数的作用是从指定文件读入一个字符,该文件的打开方式必须是(　　)。

  A. 只写　　　　　　　　　　　　B. 追加

  C. 读或读写　　　　　　　　　　D. 答案 B 和 C 都正确

10. 若调用 fputc 函数输出字符成功,则其返回值是(　　)。

  A. EOF　　　　　　　　　　　　B. 1

  C. 0　　　　　　　　　　　　　D. 输出的字符

268

二、填空题

1. 在 C 程序中,数据可以用_____和_____两种代码形式存放。

2. 函数调用语句:fgetc(buf,n,fp);从 fp 指向的文件中读入_____个字符放到 buf 字符数组中。函数返回值为_____。

3. feof(fp)函数用来判断文件是否结束,如果遇到文件结束,则函数值为_____,否则为_____。

4. 函数 ftell(fp)作用是_____。

5. 函数 rewind 的作用是_____。

三、阅读程序题

1. 有以下程序

```
#include  <stdio.h>
main( )
{
    FILE  * fp;
    int   k,n,a[6]={1,2,3,4,5,6};
    fp=fopen("d2.dat","w");
    fprintf(fp, "%d%d%d \n",a[0],a[1],a[2]);
    fprintf(fp, "%d%d%d \n",a[3],a[4],a[5]);
    fclose(fp);
    fp=fopen("d2.dat","r");
    fscanf(fp, "%d%d",&k,&n);
    printf("%d%d\n",k,n);
    fclose(fp);
}
```

程序运行后的输出结果是_____。

2. 有以下程序

```
#include  <stido.h>
main( )
{
    FILE     * fp;
    int   a[10]={1,2,3,0,0},i;
    fp=fopen("d2.dat","wb");
    fwrite(a,sizeof(int),5,fp);
    fwrite(a,sizeof(int),5,fp);
```

```
      fclose(fp);
      fp=fopen("d2. dat","rb");
      fread(a,sizeof(int),10,fp);
      fclose(fp);
      for(i=0;i<10;i++)
      printf("%d,",a[i]);
   }
```

　　程序的运行结果是＿＿＿＿。

四、编程题

　　1.从键盘输入一字符串,将其中的小写字母全部转换成大写字母,然后输出到一个磁盘文件"test. txt"中保存,输入的字符串以"!"结束。

　　2.编写程序给文本文件加上行号后存储到另一个文本文件中。

　　3.从一个文件读取整数,对其进行排序,然后将排序的结果输入到原来的文件中。

　　4.取一个整数 a 从右端开始的第 4~7 位。

附　录

附录 1　常用字符的 ASCII 码对照表

ASCII 码	十进制	字符	ASCII 码	十进制	字符	ASCII 码	十进制	字符
00000000	0	NUL	00101011	43	+	1010110	86	V
00000001	1	SOH	00101100	44	,	1010111	87	W
00000010	2	STX	00101101	45	−	1011000	88	X
00000011	3	ETX	00101110	46	.	1011001	89	Y
00000100	4	EOT	00101111	47	/	1011010	90	Z
00000101	5	ENQ	00110000	48	0	1011011	91	[
00000110	6	ACK	00110001	49	1	1011100	92	\
00000111	7	BEL	00110010	50	2	1011101	93	]
00001000	8	BS	00110011	51	3	1011110	94	ˆ
00001001	9	HT	00110100	52	4	1011111	95	_
00001010	10	LF	00110101	53	5	1100000	96	`
00001011	11	VT	00110110	54	6	1100001	97	a
00001100	12	FF	00110111	55	7	1100010	98	b
00001101	13	CR	00111000	56	8	1100011	99	c
00001110	14	SO	00111001	57	9	1100100	100	d
00001111	15	SI	00111010	58	:	1100101	101	e
00010000	16	DLE	00111011	59	;	1100110	102	f
00010001	17	DC1	00111100	60	<	1100111	103	g
00010010	18	DC2	00111101	61	=	1101000	104	h
00010011	19	DC3	00111110	62	>	1101001	105	i
00010100	20	DC4	00111111	63	?	1101010	106	j
00010101	21	NAK	1000000	64	@	1101011	107	k
00010110	22	SYN	1000001	65	A	1101100	108	l
00010111	23	ETB	1000010	66	B	1101101	109	m
00011000	24	CAN	1000011	67	C	1101110	110	n
00011001	25	EM	1000100	68	D	1101111	111	o
00011010	26	SUB	1000101	69	E	1110000	112	p
00011011	27	ESC	1000110	70	F	1110001	113	q
00011100	28	FS	1000111	71	G	1110010	114	r
00011101	29	GS	1001000	72	H	1110011	115	s
00011110	30	RS	1001001	73	I	1110100	116	t
00011111	31	US	1001010	74	J	1110101	117	u
00100000	32	space	1001011	75	K	1110110	118	v
00100001	33	!	1001100	76	L	1110111	119	w

ASCII 码	十进制	字符	ASCII 码	十进制	字符	ASCII 码	十进制	字符
00100010	34	"	1001101	77	M	1111000	120	x
00100011	35	#	1001110	78	N	1111001	121	y
00100100	36	$	1001111	79	O	1111010	122	z
00100101	37	%	1010000	80	P	1111011	123	{
00100110	38	&	1010001	81	Q	1111100	124	|
00100111	39	'	1010010	82	R	1111101	125	}
00101000	40	(	1010011	83	S	1111110	126	~
00101001	41	)	1010100	84	T	1111111	127	DEL
00101010	42	*	1010101	85	U			

附录 2　运算符优先级和结合方向

优先级	运算符	名称或含义	结合方向	说明
1	[]	数组下标	左到右	
	()	圆括号		
	.	成员选择(对象)		
	->	成员选择(指针)		
2	-	负号运算符	右到左	单目运算符
	(type)	强制类型转换		
	++	自增运算符		单目运算符
	--	自减运算符		单目运算符
	*	取值运算符		单目运算符
	&	取地址运算符		单目运算符
	!	逻辑非运算符		单目运算符
	~	按位取反运算符		单目运算符
	sizeof	长度运算符		
3	/	除	左到右	双目运算符
	*	乘		双目运算符
	%	余数(取模)		双目运算符
4	+	加	左到右	双目运算符
	-	减		双目运算符
5	<<	左移	左到右	双目运算符
	>>	右移		双目运算符
6	>	大于	左到右	双目运算符
	>=	大于等于		双目运算符
	<	小于		双目运算符
	<=	小于等于		双目运算符
7	==	等于	左到右	双目运算符
	!=	不等于		双目运算符
8	&	按位与	左到右	双目运算符
9	^	按位异或	左到右	双目运算符

优先级	运算符	名称或含义	结合方向	说明
10	|	按位或	左到右	双目运算符
11	&&	逻辑与	左到右	双目运算符
12	||	逻辑或	左到右	双目运算符
13	?:	条件运算符	右到左	三目运算符
14	=	赋值运算符	右到左	
	/=	除后赋值		
	*=	乘后赋值		
	%=	取模后赋值		
	+=	加后赋值		
	-=	减后赋值		
	<<=	左移后赋值		
	>>=	右移后赋值		
	&=	按位与后赋值		
	^=	按位异或后赋值		
	|=	按位或后赋值		
15	,	逗号运算符	左到右	从左向右顺序结合

说明：

同一优先级的运算符,结合次序由结合方向决定。

简单记就是：! ＞ 算术运算符 ＞ 关系运算符 ＞ && ＞ \|\| ＞ 赋值运算符。

附录3　常用库函数

表 F3-1　数学函数(应包含头文件"math. h")

函数原型	功能	返回值	说明
double acos(double x)	$\cos^{-1}(x)$	计算结果	$X \in [-1,1]$
double asin(double x)	$\sin^{-1}(x)$	计算结果	$X \in [-1,1]$
double atan(double x)	$\tan^{-1}(x)$	计算结果	
double atan2(double x, double y)	$\tan^{-1}(x/y)$	计算结果	$Y \neq 0$
double cos(double x)	$\cos(x)$	计算结果	x 为弧度单位
double cosh(double x)	$\cosh(x)$	计算结果	
double exp(double x)	e^x	计算结果	
int abs(int x)	$|x|$	计算结果	求 x(整数)的绝对值
long labs(long x)	$|x|$	计算结果	求 x(长整数)的绝对值
double fabs(double x)	$|x|$	计算结果	求 x(实型)的绝对值
double floor(double x)	求≤x 的最大整数		该整数的双精度数
double ceil(double x)	求≤x 的最小整数		该整数的双精度数
double fmod(double x)	x/y		余数的双精度数
double log(double x)	$\log_e x$ 即 ln x	计算结果	$x>0$
double log10(double x)	$\text{Log}_{10} x$ 即 lg x	计算结果	$x>0$
double pow(double x, double y)	x^y	计算结果	
double sin(double x)	$\sin x$	计算结果	

函数原型	功能	返回值	说明
double sinh(double x)	双曲正弦 sinh（x）	计算结果	
double sinh(double x)	$\sqrt{x}$	计算结果	x≥0
double tan(double x)	tan(x)	计算结果	x 为弧度单位
double pow10(double x)	10^x	计算结果	

表 F3-2 字符函数与字符串函数

函数原型	功能	返回值	说明
int isalnum(int ch)	ch 是否是字母或数字	是,返回 1;否则返回 0	ctype. h
int isalpha(int ch)	检查 ch 是否是字母	是,返回 1;否则返回 0	ctype. h
int iscntrl(int ch)	ch 是否控制字符 ASCII 码属 0～0x1f	是,返回 1;否则返回 0	ctype. h
int isdigit(int ch)	ch 是否数字字符（0～9）	是,返回 1;否则返回 0	ctype. h
int islower(int ch)	ch 是否小写字母（a～z）	是,返回 1;否则返回 0	ctype. h
int isprint(int ch)	ch 是否可打印字符 ASCII 码属 0x20～0x7E)	是,返回 1;否则返回 0	ctype. h
int ispunct(int ch)	ch 是否除字母、数字和空格以外的可打印字符	是,返回 1;否则返回 0	ctype. h
int isspace(int ch)	ch 是否空格、制表符或换行符	是,返回 1;否则返回 0	ctype. h
int isupper(int ch)	ch 是否大写字母（A～Z）	是,返回 1;否则返回 0	ctype. h
int isdigit(int)	ch 是否 16 进制数学字符 0～9 或 a～f 或 A～F	是,返回 1;否则返回 0	ctype. h
char ＊ strcat(char ＊ str1, char ＊ str2)	接 str2 于 str1 后	str1	string. h
char ＊ strchr(char ＊ str1, int ch)	找出 str 中第 1 次出现字符 ch 的位置	有,返回位置指针否则返回空指针	string. h
char ＊ strchr(char ＊ str1, char ＊ str2)	比较 str1 和 str2 的大小	str1＜str2 返回负整数;str1＝str2 返回 0;str1＞str2 返回正整数	string. h
char ＊ strcpy(char ＊ str1, char ＊ str2)	把 str2 拷到 str1	返回 str1	string. h
unsigned int strlen(char ＊ str)	计算 str 内容长度	返回长度	string. h
char ＊ strstr(char ＊ str1, char ＊ str2)	找出 str2 在 str1 中第 1 次出现的位置	返回位置指针,找不到返回空指针	string. h
int tolower(int ch)	把 ch 转换成小写字母		ctype. h
int toupper(int ch)	把 ch 转换成大写字母		ctype. h

注意:当形参中含字符串时,应包含在"string. h"中,否则包含在头文件"ctype. h"。

表 F3-3　输入输出函数(应包含头文件″stdio. h″)

函数原型	功能	返回值	说明
void clearer(FILE * fp)	清除文件指针错误	无	—
int close(int fp)	关闭文件	关闭成功返回 0 否则返回非 0	非 ANSI
int creat(char * filename,int mode)	以 mode 指定的方式建立文件	成功返回正数否则返回－1	非 ANSI
int eof(int fd)	检查文件是否结束	结束返回 1 否则返回 0	非 ANSI
int fclose(FILE * fp)	关闭 fp 所指的文件释放文件缓冲区	成功返回 0 否则返回非 0	—
int feof(FILE * fp)	检查文件是否结束	结束返回非 0 否则返回 0	—
int fgetc(FILE * fp)	从 fp 指定的文件取得下一个字符	返回读入的字符,若读入错,返回 EOF	—
char * fgets(char * buf, int n, FILE * fp)	从流 fp 取长为 n-1 或以换行结束的字符串到 buf	返回 buf,若读错,返回 NULL	—
file * fopen(char * filename, char * mode)	以 mode 方式打开名为 filename 的文件	成功返回文件指针否则返回 NULL	—
int fprintf(FILE * fp, char * format, args,···)	把 args 以 format 格式输出到流 fp	输出的数据数	—
int fputc(char ch, FILE * fp)	向流 fp 输出字符 ch	成功返回输出的字符,否则返回 EOF	—
int fputs(char * str, FILE * fp)	将字符串 str 输出到流 fp	成功返回 0 否则返回非 0	—
int fread(char * buf, unsigned size, unsigned n, FILE * fp)	从流 fp 读取长为 size 的 n 个数据项,存到 buf	返回读入数据项个数,若结束或出错返回 0	—
int fscanf(FILE * fp, char * format, args,···)	从流 fp 以格式 format 读入数据于 args	返回读入数据个数	—
int fseek(FILE * fp, long offset, int base)	以 base 为基址,offset 为偏移量定位流指针	成功返回当前位值,否则返回－1	—
long ftell(FILE * fp)	返回 fp 所指文件中的读写位置	返回 fp 所指文件中读写位置	—
int fwrite(char * buf, unsigned size, unsigned n, FILE * fp)	把 buf 中 n * size 字节输出到流 fp	向流 fp 所输出的数据项的个数	—
int getc(FILE * fp)	从流 fp 中读入一字符	成功返回读入的字符,否则返回 EOF	—
int getchar( )	从标准输入流读入一字符	成功返回所读的字符,否则返回－1	—
int getw(FILE * fp)	从流 fp 读入一个字	成功返回读入的整数,否则返回－1	非 ANSI

函数原型	功能	返回值	说明
int open(char * filename, int mode)	以 mode 指定的方式打开名为 filename 的文件	成功返回文件描述符,否则返回－1	非 ANSI
int printf(char * format,args,…)	按 format 格式输出 args 到标准输出设备	成功返回输出的字符数,否则返回负数	—
int putc(int ch, FILE * fp)	输出字符 ch 于流 fp	成功返回输出的字符,否则返回 EOF	—
int putchar(char ch)	把字符 ch 输出于标准输出设备	成功返回输出的字符,否则返回 EOF	—
int puts(char * str)	输出字符串 srt 于标准输出设备	成功返回换行符,否则返回 EOF	—
int putw(int w, FILE * fp)	将整数 w 输出于流 fp	成功返回输出整数,否则返回 EOF	非 ANSI
int read (int fd, char * buf, unsigned count)	从文件号为 fd 的文件读取 count 个字节至缓冲区 buf	成功返回读入字节数,出错,返回－1	非 ANSI
void rewind (FILE * fp)	将流指针重绕至始端	无	—
int scanf(char * format, args,…)	从标准输入流读入数据于 args	成功返回读入数据个数;否则返回 0	—
int write(int fd, char * buf, unsigned count)	从缓冲区 buf 输出 count 个字节于文件号为 fd 的文件	成功返回输出数据数;否则返回－1	非 ANSI

表 F3-4　动态存储分配函数(应包含头文件"stdlib. h")

函数名	函数原型	功能	返回值
calloc	void * calloc(unsigned n, unsigned size)	分配 n 个数据项的内存连续空间,每个数据项的大小为 size	分配内存单元的起始地址,如不成功,返回 0
free	void free(void * p)	释放 p 所指的内存区	无
malloc	void * malloc(unsigned size)	分配 size 字节的存储区	所分配的内存区起始地址,如内存不够,返回 0
realloc	void * realloc(void * p, unsigned size)	将 p 所指出的已分配内存区的大小改为 size,size 可比原来分配的空间大或小	返回指向该内存区的指针

参考文献

[1] 谭浩强. C 程序设计,5 版. 北京:清华大学出版社,2017 年.

[2] Herbert Schildt,王子恢,戴健鹏等译. C 语言大全,4 版. 北京:电子工业出版社,2001 年.

[3] 杨文君,杨柳. C 语言程序设计教程. 北京:清华大学出版社,2010 年.

[4] 冉崇善. C 语言程序设计教程. 北京:机械工业出版社,2009 年.

[5] 徐士良. C 语言程序设计教程,3 版. 北京:人民邮电出版社,2009 年.

[6] 曾永和. C 语言程序设计教程. 哈尔滨:哈尔滨工程大学出版社,2008 年.

[7] 孙家启. C 语言程序设计教程. 合肥:安徽大学出版社,2006 年.

[8] 李凤霞等. C 语言程序设计教程,3 版. 北京:北京理工大学出版社,2011 年.